KB270222

우리 아이 인성은 7세에 결정된다

우리아이 인성은 7세에 결정된다

최창호 지음

스노우폭스북스

이 책을 기획하면서 가장 먼저 떠올린 인물이 있다.

부유한 오스트리아 비엔나의 가정에서 1870년 2월 7일 여섯 아이 중 둘째로 태어난 사람. 정신분석을 창시한 프로이트와 마찬가지로 유대인 집안에서 태어났으나, 프로이트와는 달리 그는 자신이 유대인임을 별로 의식하지 않았다. 그가 자란 지방엔 유대인 아이들이 거의 없었기 때문에 그의 억양이나 일반적인 외모는 유대인이라기보다는 오히려 비엔나 사람 같았다. 프로이트가 반유태주의에 대해 자주 이야기했던 것과는 달리 이 사람은 그것을 거의 언급하지 않았고 성인이 되어서는 신교로 전향했다.

그러나 어린 시절 큰 형의 질투심으로 고통스러운 경험을 했기 때문에, 어린 시절을 불행한 시기로 기억했다. 갓난아기 시절에는 어머니로부터 따뜻한 사랑을 독차지하는 응석받이였다. 하지만 어린 동생이 태어나자 응석받이의 위치를 잃는 슬픔, 즉 아우 타는 병을 앓아야만 했다. 어릴 때의 이런 기억들은 후에 출생 순위 가설을 만들게 하는 결정적인 계기가 되었다.

어린 시절 죽음과 병고가 끊임없이 찾아왔다. 그가 세 살 때 어린 동생이 바로 옆 침대에서 죽는 것을 경험했고, 거리에서 우연한 사고로 두 번씩이나 죽을 뻔했다. 다섯 살 때는 심한 폐렴에 걸려 사경을 헤맸다. 그때 죽음과 싸우며 겪은 공포 때문에 죽음과 그것에 대한 공포를 이기기 위해 의사가 되기로 했다. 어린 시절 끊임없이 죽음을 경험했고 만성적으로 병들고 약한 아이였다. 그는 뼈가 약해져 척추나 사지가 굽는 구루병으로 고생한 탓에 일에 서툴고 행동도 느렸다. 그래서 어린 시절 뛰어노는 놀이에선 그의 형이나 친구들과 경쟁할 수도 없었다. 성장하면서 그의 건강은 조금 나아졌으나 가족 내에서 그의 위치는 나아지지 않았다.

학창 시절에도 그저 평범한 학생이었다. 중학교 때는 수학 실력이 형편 없어서 그 과정을 재수강하기까지 했다. 선생님은 그의 아버지에게 이 아이는 아무 일도 할 줄 모르니 학교를 그만두고 차라리 구두 제화공이나 시키라고 했을 정도였다. 그러나 아들을 매우 사랑하고 총애했던 아버지는 아들을 격려해서 학업을 계속하도록 했고, 결국 그의 인내와 노력으로 학급에서 가장 우수한 학생이 되었다.

이 사람이 바로 정신분석학자 알프레드 아들러(1870~1937)다.

아들러는 가족 내에서의 출생 순위가 성격 형성에 상당히 중요하고, 특히 아이들이 각 출생 순위를 어떻게 지각하느냐가 중요하다고 보았다. 아이들에게는 출생 순위가 그들의 생활 양식에 어떤 방식으로든지 영향을 미친다. 더욱이 아이들의 출생 순위 지각은 분명히 주관적이기 때문에 아이들은 몇째로 태어나건 그들 자신의 생활 양식을 창조할 것이다. 그러나 일반적으로 어떤 특정 출생 순위에 태어난 아이들은 나름대로 독특한 특징을 가지고 있다.

첫째 아이는 태어나서는 사랑을 받지만 곧 폐위된 왕처럼 마음에 상처를 받을 수 있다. 그 결과 첫째 아이는 스스로 고립해서 적응해 나가며 다른 사람의 애정이나 인정을 얻고자 하는 욕구에 초연하여 혼자 생존해 나가는 성격이 된다.

둘째 아이는 형이나 누나와 같은 속도 조절자를 가지고 있기 때문에 그들을 능가하려고 경주를 하고 첫째보다 훨씬 빨리 말하고 걷기 시작한다. 그 결과 경쟁심이 강하고 대단한 야망을 가진 성격이 된다. 막내 아이는 응석받이가 되거나 귀찮은 존재, 독립심이 부족하거나 열등감을 경험할 수도 있지만 위의 형들을 능가하려고 가족 중에 가장 야망 있는 아이가 되고, 때로 혁명가가 되기도 한다. 독자는 응석받이로 자라기 쉽고 아버지와 강한 라이벌 의식을 가지며 의존심과 자기 중심성이 뚜렷하게 나타난다.

누구나 열등감은 있다. 이 글을 쓰고 있는 나도, 집사람도, 아이들도 완벽할 수는 없다. 완벽하면 신이 질투한다고 하지 않나? 그러나 그런 열등감을 어떻게 극복하느냐가 성격을, 인생을 결정한다. 그러나 심리학에서 열등감보다 더 조심해야 할 것이 우월 콤플렉스다. 현실을 무시하고 자신의 능력을 무시한 채 성취와 성공을 위해 과도한 목표를 설정한다면 인생을 더 힘들게 만들 것이다.

이 글을 마무리하는 오늘은 일요일이다. 원래 일요일에는 집사람과 두 아들이 교회를 가고 내가 막내딸을 보는데 오늘은 큰아들 규민이가 축구 시합이 있는 날이다. 1년에 한 번 있는 큰 대회다. 작년에는 하루 종일 응원하며 같이 있었는데 여러 팀 중에서 준우승을 했다. 2학년이 된 오늘은 출전 팀만 50개 팀이란다. 축구장에 데려다주고 오면서 큰아들에게 말했다.

"규민아! 다치지 말고 enjoy!"

차례

1장

Growth - 믿음을 줘라!

7세에는 좌뇌와 우뇌가 교차한다

너무 이른 나이에 잘못된 조기교육은 아이를 망칠 수 있다.

우리 아이들은 영어든, 수학이든 조기교육을 시키지 않았다. 잠시 집사람이 영어 학원엘 보낸 적이 있는데 영어 교재를 보니 이것은 거의 대학 교재 수준이다.

"당장 그만둬!"

"아니, 나도 어려운 걸 다섯 살짜리가 어떻게 해?"

"규민아! 영어 재미있니?"

아빠를 바로 보다 엄마 눈치를 보면서 눈물이 글썽인다.

우리 뇌는 좌뇌와 우뇌로 나누어져 있다. 그 뇌의 기능도 다르다. 스페리라는 학자는 두뇌의 기능이 다르다는 연구 결과로 심리학자로서는 최초로 생리학과 의학 분야의 노벨상을 수상했다.

좌뇌는 주로 언어, 수리, 기계, 분석, 수렴적 사고를 담당하고, 우뇌는 창의성, 공간지각, 운율, 정서, 확산적 사고를 담당한다. 사람들은 어렸을 때는 우뇌가 먼저 발달하는 우뇌 민감기다. 7세 무렵, 만 6세가 되면 좌뇌 민감기가 시작된다.

그러다 보니 우뇌 민감기에 좌뇌의 수리, 언어적인 교육을 하면 아이들이 잘 받아들이는 것처럼 보이지만, 실제로 좌뇌 민감기가 되면 아이들이 흥미를 잃어버려 좌뇌가 발달하지 못한다. 그러다 보니 어렸을 때 총명해 보이던 아이들이 학교에 들어가서 좌뇌 교육을 받기 시작하면 재미도 없고, 흥미도 잃게 되면서 학교 공부가 뒤처지기 시작한다.

미국 로스엔젤레스 캘리포니아 대학, 국립보건연구원과 캐나다의 맥길 대학 연구진들이 금년 3월 네이처지에 발표한 바에 따르면 연상 사고, 언어 등과 관계있는 부분은 13~15세 무렵에 성장이 최고조에 이른다고 한다. 그동안 언어와 사고력을 비롯한 뇌 기능은 최소한 초등학교 입학 무렵이면 거의 완성되는 것으로 알고 있었다. 하지만 뇌 기능과 능력, 두뇌 특성은 청소년기까지 끊임없이 변한다. 영유아기에 뇌 발달을 비롯한 아이의 발달 근간이 확립되는 것은 사실이지만 너무 이른 나이에 아이들의 재능을 단정하는 것은 위험하다. 아이의 소중한 잠재능력을 발견하지 못할 수도 있다.

너무 이른 나이에 재능을 측정하면 아이의 정확한 능력을 측정하기 어렵다고 주장한다. 아이들의 재능 측정은 만 4세 이후에 잠재능력과 두뇌 특성, 지능, 창의성, 음악 적성 등을 재어보는 것이 좋다. 그래서 아이들의 재능이 어디에 있고 부족한 면은 무엇인지를 파악해서 재능 계발과 두뇌 계발 방향을 결정하는 것이 바람직한 재능교육의 첫걸음이다.

좌우 뇌의 발달 시기는 똑같은가?

그렇지 않다. 좌우 뇌의 발달 시기는 다르다. 다시 말해 좌우 뇌가 발달에 민감한 시기는 다르다.

일본의 시나가와 요시야 박사는 영아와 유아는 우뇌 발달이 먼저 이루어지며, 좌뇌는 7세 이후에 본격적으로 발달한다고 주장했다. 다시 말해 6세 정도의 유치원 교육까지는 우뇌를 계발하는 생활과 교육을 해야 하며, 너무 일찍 좌뇌를 계발하는 아이들은 초등학교 3학년 정도가 되면 두뇌 발달이 급격히 저하된다.

어렸을 때 글도 잘 읽고 똘똘한 것처럼 보이는 아이들은 주로 좌뇌 계발이 먼저 이루어졌기 때문이다. 그런 아이들은 초등학교에 들어가서 학습에 흥미도 잃고 좌, 우뇌 계발이 적절히 이뤄지지 않았기 때문에 평범한 아이로 바뀔 수 있다. 그러므로 아이들의 두뇌 특성을 파악해 시기에 맞는 적절한 자극과 교육을 해야 한다.

6세 이전의 우뇌 민감기에 좌뇌의 능력인 읽기, 쓰기, 산수, 문법과 같은 공부를 시킨다면 배고픈 우뇌에게는 밥을 주지 않고 배고프지도 않은 좌뇌에게 밥을 주는 것과 마찬가지다. 좌뇌와 우뇌, 어디가 자극을 원하는지를 알고 필요로 하는 자극을 주어야 아이들의 두뇌 발달도 촉진되고 교육에 대한 흥미도 잃지 않을 것이다.

어려서 방치해서 그런지 우리 큰아들 규민이는 수학을 잘한다.

초등학교 1학년이 지날 무렵부터 수학 공부를 시작했는데 어떤 때는 박사인 아빠를 무시하기도 한다.

"아빠! 이건 연산 문제거든요. 생각을 한 번 더 해보세요!"

	6세 이전	6세 이후
뇌발달	2세　　　3세 후뇌 → 중뇌 → 구피질 → 신피질 파충류　포유류　　　I.Q, 창의성 (운동 · 본능) (감정,기억,호르몬) 5억년 전 3억년 전 450만년 전 100만년동안 소뇌 4배 성장	대뇌 피질 발달 3세 시작 → 6세 이후 ※ 두뇌의 상하 양극성 (3세 이후 신피질이 구피질을 지배)
좌우뇌 발달	우뇌발달	좌뇌발달
뇌파 발달	α파(7–14Hz) 사이클/초. ※ 가장 학습에 적합. – 사물을 배우기 쉬운 뇌파.	β파(14–30Hz) 5감 전체에서 정보감지. 수면δ파(0.5–4Hz) θ파 : 수면중. 최면에 잘 걸림
신경계 변화	부교감 신경 – 느슨한 활동, 비활동적, 의존적, 　소화기능.	교감신경 – 활동적 동작
사고 방식	직관적 사고	논리적 사고 자기와의 대화, 참사고 시작

육아는 밥상에서부터
시작된다

"밥상을 치우고 식탁에서 밥을 먹는 게 어때?"

"알았어요. 그런데 애들이 너무 어려서…"

필자와 집사람의 오랜 논쟁이다.

나는 식탁에서 밥을 먹고 싶어한다. 그런데 집사람은 아이들과 편하게 먹는 게 좋다고 식탁은 수납장이 되어 있고 상에서 먹는다.

첫 째 아들까지만 해도 식탁에서 아이 식탁 의자 놓고 오순도순 밥을 먹었는데 둘째부터는 아예 식탁은 거추장스러운 가구일 뿐이다.

모처럼 집사람의 눈치를 보며 한마디 했다.

"이제 식탁에서 먹는 게 어때?"

"두 아들은 커서 알아서 먹을 수 있고 막내만 식탁의자를 놓으면 밥 먹을 때 좀 더 평화롭지 않을까?"

아이 키우는 집에서 밥 먹는 시간은 전쟁과 평화, 행복과 싸움이 늘 공존한다.

이 글을 마무리하는 날 드디어 식탁 위가 깨끗하게 치워지고 온 가족이 둘러앉아 저녁을 먹었다. 마침 고향에서 친구가 보내온 올갱이

국을 맛있게 먹고 있는데 큰아들이 안 깐 올갱이를 달란다. 그러자 동생이 자기도 그것을 까서 먹겠다고 이쑤시게로 올갱이를 까다 바닥에 흘리고 난리다. 집사람이 큰 소리로 야단을 친다.

그러자 둘째 아들이 한마디 한다.

"엄마는 왜 밥상머리에서 큰소리쳐요?"

에구 밥상머리 교육도 만만치 않은 일이다.

요즘 공무원 사회에서는 수요일을 일찍 퇴근해서 〈가족 사랑의 날〉로 지정하고는 가족이 함께 저녁을 먹을 것을 권장한다.

실제로 밥상머리 교육은 예나 지금이나 중요한 시간이다. 행복이 시간의 하고, 불행의 시간이도하다. 맛있는 것을 먹어서 좋기도 하지만 서로에게 바라는 점, 요구사항, 문제점 지적이 나오기도 일쑤여서 불행한 시간이기도 하다. 필자도 3남 3녀의 다섯째로 크면서 밥상머리에서 벌어지는 숱한 에피소드를 보며 자랐다. 좋은 시간의 기억도 많지만 불행한 기억도 많다.

필자의 조카 중에는 어렸을 때 말을 더듬는 조카가 있었다. 외국에서 오래 살아서 영어는 막힘없이 잘하는데 우리말을 할 때면 자꾸 막히고 더듬고 하니 답답할 지경이었다. 요즘은 나이 들면서 좋아졌지만 사춘기 시절에는 심했다. 심리학을 하면서 왜 그런지 이유를 추론할 수 있었다. 필자의 큰 누나 남편, 그러니까 큰 매형은 목사님이다. 어렸을 때부터 깨나 꼼꼼하시고 깐깐하신 편이었다. 매형의 가족은 1남1녀였는데 어느 날 가족들이 밥을 먹는데 남자 조카가 밥에다 콜라를 말아먹겠다고 했다. 밥에 국 말아먹듯이, 우유에 콘프레이크 타 먹듯이 조카는 무심결에 밥과 콜라를 말았다. 그야말로 동서양의 만남,

융합, 콜라보 아닌가!

순간 매형은 아들의 뒤통수를 때리고 말았다.

그 후 조카는 아빠와 밥 먹을 때면 긴장되고 불안해서 밥도 제대로 못 먹고 아빠만 있으면 말을 더듬기 시작했다. 밥상머리에서 행하는 모든 것이 반드시 옳은 것은 아니다.

이런 부작용을 조심한다면 그래도 밥상머리 교육은 필요하다.

SBS 스페셜 제작팀이 펴낸 『내 아이의 미래를 결정짓는 밥상머리 교육의 비밀, 밥상머리의 작은 기적』을 보면 밥상머리 교육의 중요성이 더욱 느껴진다.

우리 선조들은 가정교육의 시작은 밥상머리에서부터 시작한다고 여겨 왔다. 그러나 요즘은 바쁜 일상 때문에 하루에 한 끼도 온 가족이 모여 식사하지 못할 때가 많다. 서로 배려하지 못하는 각박한 사회분위기는 어쩌면 여기에서부터 시작되었는지도 모르겠다. 선조들의 지혜를 본받아 밥상머리 교육을 시작해보자.

한국의 명문가로 손꼽히는 류성룡 가에서 자녀 교육 시 제일 중요시 여겼던 것은 바로 밥상머리 교육이었다. 류성룡 가의 밥상머리 교육법은 생각 외로 아주 단순했다. '밥상머리에서 가족이 함께하고 상대방을 배려하는 마음을 가질 것'이었다. 최소한 지켜야 할 것들만으로도 충분히 교육이 된다는 것이었다.

"보통 자기 혼자 먹는 게 아니라 공동으로 같이 먹잖아요. 반찬을 먹을 때도 먼저 '어른이 이것을 좋아하시는구나' 그런 생각이 들면 먼저 먹을 게 아니라 어른 드시는 것 보고 먹고, 그 반찬은 남겨 놓게 되죠. 그런 배려를 배우게 됩니다. 집에서 그런 것을 알고 밖에 나가면 자기만 위하는 게 아니라 남도 배려할 줄 알게 돼요. 가정에서의 그런 행동이 밖에서도 자연스럽게 나타나는 거죠."

사회성을 배우는 시간

가족과 함께하는 식사는 아이들에게 정서적인 안정감을 줄 뿐만 아니라 가정의 유대감을 더욱 돈독하게 만들어 주는 시간이기도 하다. 이런 시간을 통해 아이는 절제와 배려라는 덕목을 익히게 된다. 이 덕목은 가정에서뿐만 아니라 다양한 사람들과 함께 지내야 하는 사회생활에도 반드시 필요한 자세다. 밥상머리 교육에서 익히게 되는 사회성은 학업 능력에도 직접적인 영향력을 미친다.

사회성이란 다른 사람이 보내는 감정 신호에 반응할 수 있는 능력인데 이 능력이 부족하면 다른 아이를 배려해야 하며 싫더라도 공동 규칙은 반드시 따라야 한다는 것을 이해하지 못하게 된다. 그렇게 되면 수업 시간엔 다른 사람을 배려해서 힘들더라도 조용히 집중해야 한다는 것을 받아들이지 못하게 돼 학업 성취도가 떨어진다.

언어 능력을 키우는 기회

아이가 태어나 말을 하기까지 필요한 듣기 시간은 무려 약 5,475시간에 이른다. 엄마와 아빠가 식탁에서 대화를 나누는 것만으로도 엄청난 양의 듣기 활동을 할 수 있는 기회인 셈이다. 하버드대 캐서린 스노우 교수는 '가족 식사를 통해 풍부한 단어에 노출될 기회가 많은 아이가 결국 학업 성적도 우수해지며 가족 식사는 아이의 학업과 인생 전반을 예측하는 지도를 그려준다'고 주장하였다.

일부러 의식하지 않더라도 밥상머리에서의 대화는 훌륭한 언어 교육의 장이 되어 준다. 각기 다른 다양한 연령대의 가족 구성원이 한 데모여 의도하지 않아도 화제가 풍부해질 수밖에 없고 식탁에서 생기는 돌발 상황이 또 다른 이야깃거리를 불러오기 때문이다. 그 과정에서 새롭게 듣게 되는 단어들은 아이의 호기심을 자극하고 이는 곧 언어 능력의 발달로 이어진다.

필자도 새삼스럽게 아이들과 밥 먹는 시간과 방법, 분위기, 대화법에 대해 다시 한번 반성하는 시간으로 이 글을 쓴다.

괜히 자신도 실천하지 못하는 말을 던져놓고 우리 집 식사 분위기는 전혀 다른 분위기라면 얼마나 썰렁할까 걱정되지만 현자들의 얘기를 정리해보는 차원에서 정리해본다.

식시오관(食時五觀)이란 식사법이 있다. 이는 조선 시대 사대부 집안에서 지켜오던 식사법이다.

SBS CNBC가 취재한 뉴스를 보면 식시 오관이란 식사할 때 지켜야 하는 다섯 가지 식사 규칙이다.

조선 시대 식시오관(食時五觀) 식사법

1. 음식에 들어간 정성을 헤아린다

2. 이 음식을 먹을 자격이 있는지 성찰한다

3. 입의 즐거움과 배부름을 탐하지 않는다

4. 음식이 약이 되도록 골고루 먹는다

5. 인성을 갖춘 후에야 음식을 먹는다

이스라엘 교육법과 노벨상

　유대인은 선천적으로 우수한 민족은 아니다. 어릴 적 가정에서부터 시작하는 창의적 사고 교육이 이들의 성공을 뒷받침하고 있다. 창의력 교육이 유대인의 기본 자산이다. 가장 대표적인 것이 노벨상 수상자 숫자이다. 유대인은 102년 노벨상 역사를 통틀어 2013년 현재 총 193명의 수상자를 배출했다. 국적은 서로 다르지만 전체 수상자의 23%나 차지한다. 노벨상은 창의력에 기준이 맞춰져 있으므로 창의력 교육으로 무장된 유대인들이 두각을 나타내는 것이다.

　박재선 전 모로코 대사 · 『100명의 특별한 유대인』 저자에 따르면 유대인 가정교육의 목표는 첫째 자녀들에게 창의력을 키워주는 것이다.

　유대인 어머니는 아이가 두세 살 무렵이면 자기 전에 토라(Torah · 모세 5경인 창세기, 출애굽기, 레위기, 신명기, 민수기에서 발췌한 유대교 경전)를 낭송해준다. 토라는 일종의 지혜서이다. 식사시간에도 많은 주제로 부모 자식 간에 토론을 벌인다. 이는 창의력의 기본인 호기심과 상상력을 키워주는 원천이다. 이 토론이야말로 유대인 교육의 핵심이다. 토론을 통해 같은 문제에 대한 타인의 견해를 청취하고 또 각자가 생각하는 것과 조화시켜 지식을 견고하게 만든다. 반면 우리의 유교식 전통은 식사 중 말을 많이 하는 것을 좋아하지 않는다. 따라서 자녀의 호기심을 채워줄 좋은 대화 기회를 갖지 못한다. 그러므로 가정에서의 교육이 이루어지지 않는 것이다. 우리는 호기심을 '부질없는 것', 상상력은 '허황한 것'으로 치부해 자녀들의 창의성을 원천적으로 막아버리는 폐단이 있다. 그리고는 암기교육만 집중적으로 강조한다. 암기교육은 시험점수를 위한 것이지 창의력 배양에는 장애가 된다. 암기로는 지식을 지혜로 만들 수 없다. 우리 교육 체제로는 토론 교육에 응용하기는 어렵다. 선생님이나 교수가 말하는 것을 필기하고 암기하는 식이 우리의 교육 현실이다. 호기심이 생겨도 질문과 답변의 과정이 이뤄지지 않고 있다.

한국인과 유대인은 교육 방식에서 큰 차이를 보인다. 우리는 경쟁에서 이기는 싸움닭을 양성하는 꼴이지만, 유대인은 전인교육 내지 잠재력 개발에 역점을 둔다. 한국인은 역동적이어서 숱한 어려움을 이겨내는 민족이긴 하나 감성적이다. 한국인과 유대인은 역사적으로 관련이 거의 없지만, 자녀교육에서 광적이고 여성의 역할이 중요하다는 점에선 비슷하다. 그래서 한국인을 동양의 유대인이라고도 했다.

이스라엘 키부츠에서 훈련과정에 참여했던 이영희 교수의 『유대인의 밥상머리 자녀교육』이란 책을 통해 유대인 자녀 교육에 있어 '밥상'의 중요함을 설명한다.

이스라엘 사람들은 금요일 저녁부터 토요일 저녁까지 안식일로 지키는데 그날에는 기숙사의 모든 학생은 물론 군인들까지도 가족이 있는 집을 향하고 금요일 저녁 식사를 한다. 가족들은 모두 정장을 차려

입고 두 개의 양초를 켜고 찬송가를 부르며 서로를 축복한다. 또한 가난한 이웃에게 전할 동전을 모으고 식사와 후식을 나눈다.

"던킨도너츠, 하겐다즈 아이스크림, 허쉬초콜릿, 배스킨라빈스 아이스크림. 이들의 공통점은 모두 세계적 식품 브랜드의 창업자이자 어려서부터 밥상에서 예배훈련과 인생 교육을 받았던 유대인들이다. 유대인의 밥상에는 후식과 함께한 대화가 꼭 이어졌고, 어릴 때부터 '좀 더 나은 후식이 없을까?' 고민하다 개발한 것이다. 가장 많은 노벨상 수상자와 세계적 위인을 배출한 유대인의 자녀교육 비밀은 밥상머리에 있다."

80년대 하버드대학 연구진은 보스턴 지역에서 3살 자녀를 둔 저소득층 83가구를 대상으로 아이들의 언어 습득에 대한 연구를 실시했다. 그 결과는 놀라웠다.

아이들이 어휘를 가장 많이 배우는 시간은 놀이 시간도, 책을 읽는 시간도 아닌, 저녁 식사 시간이라는 결과가 나왔다. 아이가 습득하는 2천여 개의 단어 중 독서로 얻는 단어는 140여 개인 반면, 가족 식사로 얻는 단어는 무려 1천여 개에 달했다. 가족 식사를 하며 어른들과 이야기를 나누는 아이들은 그 어휘 습득력이 월등했다.

또한 콜롬비아 대학 카사(CASA) 연구진은 1996년 10대 청소년 1,200여 명과 부모를 조사한 결과 가족 식사를 하는 아이들은 그렇지 않은 아이들보다 A학점을 받은 비율이 약 2배 정도 높다고 밝혔다.

이어 2004년 미네소타대학교 연구진은 "가족식사의 빈도는 흡연, 음주, 마리화나 남용, 낮은 학업성적, 우울증, 자살률 등과 반비례 관계다. 가족과 함께 식사를 하면 청소년의 건강과 행복이 증진된다"는 연구결과를 내놓았다.

이뿐만이 아니다. 가족들과 함께 매일 저녁을 먹은 아동은 그렇지 않은 아동보다 과일과 채소를 평균 한 끼 분 이상 더 먹고, 튀긴 음식이나 탄산음료는 덜 먹어 건강한데, 가족이 함께 저녁을 먹을 경우 영양에 대한 대화를 나누기 때문에 밖에서도 올바른 식습관을 유지하게 된다. 가족 식사의 효과가 이렇게 뛰어나다면 어떻게 그 밥상을 지킬 수 있을까?

이영희 교수는 "매번 가족 밥상을 대단하게 차리려면 힘들어서 포기하게 된다. 따뜻한 밥 한 끼를 따뜻한 대화와 함께 적어도 일주일에 한 번은 꼭 하는 것으로 해야 한다. 그러나 부모가 시종일관 설교조의 말만 늘어놓거나 성적 이야기만 한다면 자녀들은 그 자리를 외면하게 될 것"이라고 전했다.

성공적인 '가족 밥상 마주하기' 열쇠

첫째, 일단 모여라.

가족 모두가 모일 수 있는 식사를 정해서 모여라. 한 번의 가족 식사가 두 번째 가족식사를 이끈다.

둘째, 대화하라.

천천히 먹고 눈을 맞춰라. 그리고 질문과 칭찬을 많이 해라. 텔레비전이나 스마트폰은 대화를 가로막는 주범이니 꺼야 한다.

셋째, 참여하라.

가족 식사 준비는 힘든 노동이다. 그러니 가족이 함께 준비하고, 함께 먹고, 함께 정리한다.

인성 함양과 언어 능력 발달을 동시에 할 수 있는 밥상머리 교육법은 서로에 대한 관심과 공감하는 마음에서부터 시작된다. 이 시간 만이라도 TV와 스마트 폰의 전원은 잠시 꺼두고 오로지 가족에게만 집중해보자. 식사를 시작하기 전 아이에게 음식에 대한 고마움을 알려줄 수 있는 말을 시작으로 간단한 하루 일과를 공유하며 대화를 시작해보자.

제대로 된 교육이 이뤄지기 위해선 부모는 제일 먼저 경청하는 법부터 배워야 한다. 자기의 말을 들어주고 이해해준다는 확신이 들어야만 아이와의 진정한 대화가 이뤄지기 때문이다. 이렇게 대화의 물꼬를 틀었다면 아이의 생각에 대해 지적하거나 지시를 내리는 대신 어떻게 생각하는지 질문을 던짐으로써 스스로 판단하는 방법까지 알려주는 것이다. 이런 교육법은 이스라엘 교육의 핵심은 하브루타(chavruta)와 같은 맥락이라고 할 수 있다. 시대가 변해도 한참 변했는데 웬 조선 시대 사대부 집안 얘기라니.

고리타분할 수도 있다. 그러나 그런 집안의 식사법이 동서양을 막론하고 인생을 성공시킨 비법이라면 아이를 키우는 부모님들의 입장에서는 귀가 솔깃하지 않겠는가? 이제 우리 집은 혼자 빨리 먹고 일어서지 않기로 했다. 그리고 자신이 먹은 밥그릇을 설거지통에 갖다 놓으면 칭찬 포인트를 주기로 했다. 그랬더니 아이들이 밥상 차리는데도 적극적으로 참여하기 시작했다. 그리고 밥상이 즐거워지기 시작했다.

우리 아이들이
잘 될 거라고 암시하라

성공하는 사람들은 네 가지가 중요하다. 첫째는 태몽이다. 태몽이 좋아야 아이들이 성공한다. 둘째는 이름이다. 불리기 좋고 기억하기 좋고 긍정적인 이름을 가진 사람이 그렇지 않은 사람보다 성공도 하고 수명도 길다. 셋째는 부모의 기대이다. 부모의 긍정적인 기대는 긍정적 암시로 작용해서 피그말리온 효과를 통해 아이들에게 전달되어 아이들의 성공과 성취에 영향을 미친다. 넷째는 밥상머리 교육이다. 집안의 분위기가 좋아야 밥상머리도 분위기가 좋고 화기애애하다. 이런 밥상머리 교육이 잘 되어야 아이들이 성공할 가능성이 높다.

어느 날 밤, 프랑스 토르와에서 약국을 운영하던 쿠에(Emile Coué: 1857~1926)에게 시간이 늦어 병원에 가지 못한 사람이 약을 지어달라고 부탁했다. 처방해줄 만한 약재가 없어 거절했지만 환자는 통증이 너무 심하다며 간절히 부탁을 했다. 더 이상 거절할 수 없게 된 후에는 고민 끝에 진통 효과는 없지만 사람에게 해를 주지는 않는 포도당 알약을 거짓으로 만들어주었다. 놀랍게도 환자는 그 약을 먹고 병이 나았다. 약효가 있다고 철석같이 믿었기 때문이었고 이것이 바로 위약

효과, 즉 플라시보 효과(Placebo effect)다. 플라시보는 라틴어로는 '마음에 들다'라는 뜻을 품고 있다.

쿠에는 이에 관심을 갖고 많은 환자들을 관찰하고 연구한 결과, 약을 복용한 사람들의 치료효과가 포장이나 광고에 크게 좌우된다는 사실을 알게 되었다. 약에 대한 믿음에 따라 약효가 달라졌던 것이다. 플라시보 효과를 발견한 후 자기암시의 놀라운 힘에 매료된 쿠에는 최면술까지 배워 1910년에 암시요법 시술소를 만들었다. '나는 좋아지고 있다. 하루하루 더 좋아지고 있다.' 혹은 '나는 고통이 줄어들고 있다.'와 같은 자기암시를 치료에 사용한 것이다. 물론 플라시보와 자기암시 효과에 대해 반신반의하던 당시 학계에서는 쿠에를 비웃었다. 하지만 쿠에는 비웃음을 당하면서도 여러 나라에서 많은 강연을 했고 그의 이론은 100년이 지난 지금도 보란 듯이 유효하다.

이후 플라시보 효과는 다양한 방법으로 증명되었다. 많은 사람이 위약효과를 확인하는 실험을 했다. 예를 들어 밀가루나 녹말로 진짜 약과 똑같이 생긴 가짜 약을 만들고 식염수로 주사약을 만들어 환자에게 복용시키거나 주사를 놓으면 열 명 가운데 서너 명의 환자에게서 치료 효과가 나타난다. 최근에는 의료분야 영상기기가 발달해서 눈으로 플라시보 효과를 확인할 수도 있게 되었다. 미시간 대학과 프린스턴 대학 연구팀에서 스킨로션을 통증 억제제라고 소개면서 실험 대상자에게 바르고 전기 충격을 주는 실험을 한 것이다. 그리고 뇌의 반응을 기능성자기공명장치(fMRI)를 이용해 살펴보았다. 그랬더니 스킨로션을 바르지 않고 전기 충격을 주었을 때보다 통증을 훨씬 덜 느끼는 것으로 나타났다. 이런 결과는 마음가짐이 뇌와 인체에 실질적인 영향을 미친다는 분명한 증거로 볼 수 있다.

플라시보 효과가 알려지지 않았더라면 신비스러운 일로 남을 현상들, 즉 위약효과 말고는 설명할 수 없는 일들이 때로 일어난다. 예를 들면 프랑스 피레네 산맥 기슭에 있는 소도시에서 병을 고쳐주는 샘물이 솟았는데 13명의 환자들이 샘물을 마시고 병을 고쳤다. 이에 대해 루르드 국제의료위원회는 "과학적으로 설명할 수 없다."고 판정했다. 샘물을 마시고 병이 나은 사람들은 위약효과를 톡톡히 본 셈인데, 낙천적이고 희망에 찬 마음 상태가 만들어내는 긍정적인 효과도 뇌의 가소성과 뇌를 구성하는 뉴런들에 기반을 두고 있다. 뇌가 사람들의 태도나 감정, 생각과 희망, 마음 상태에 반응하는 것은 확실하다.

웃음에도 플라시보 효과가 있다. 흔히 웃음은 만병통치약이자 천연 진통제라고 불리는데, 결코 허황된 말이 아니다. 웃음에 치료 효과가 있는 이유는 웃을 때 부교감신경이 자극을 받아 엔도르핀이 분비되기 때문이다. 엔도르핀은 체내 면역체를 강화시켜 세균의 침입이나 확산을 막아주고 진통제 역할을 할 뿐 아니라 스트레스를 줄여준다. 우리가 한번 크게 웃으면 200개 이상의 근육이 움직이는 운동 효과는 덤이다. 웃기만 해도 운동이 되고 건강해지고 심리적인 안정을 얻는 것이다.

웃음이 이렇게 좋은데 웃을 일이 없어서 못 웃는다고? 그래도 상관없다. 웃음 흉내라도 내보자. 웃을 때도 위에서 언급한 심리적인 효과가 그대로 나타난다. 웃을 일 없을 때 그냥 가짜웃음을 웃어도 진짜 웃음에서 얻는 효과가 그대로 얻어진다. 이것이 웃음의 플라시보 효과다. 그러니 좋은 일이 있건 없건, 일단 웃고 볼 일이다.

우리 아이들이 잘 될 거라고 암시하라.

아니 기도하라.

부모의 기도는 아이들에게 긍정적인 에너지로 전달되어 긍정의 힘으로 나타날 것이다. 심리학자 로젠탈은 암시와 예언의 힘을 이렇게 말한다.

'나는 할 수 있고, 반드시 해내고 말 것이며, 간절히 원하므로 성공할 것이다.'라고 믿으면 그렇게 되기 때문이다. 이를 심리학 용어로 자기 충족적 예언(self fulfilling prophecy)이라고 한다. 아이들에게 긍정의 암시도 중요하지만 아이들을 위해 긍정의 말을 해야 한다.

미국의 뇌 전문학자들의 연구보고에 의하면 사람의 뇌세포는 230억 개인데, 이 중에 98%가 말의 영향을 받는다고 한다. 그래서 뇌 전문가들은 "뇌 속에 있는 언어중추신경이 모든 신경계를 다스린다."는 학설을 주장하기도 한다. 우리 뇌는 보는 것, 듣는 것, 느끼는 것 등의 모든 신경이 언어 중추신경으로부터 변화한다. 결국 말에 따라서 변화한다는 것이다.

말에는 힘이 있다. 이것을 말의 각인력이라고 한다.

용혜원 시인은 『성공 노트』에서 말의 각인력과 견인력, 성취력을 이야기했는데, 공감이 가는 글귀다.

"말에는 각인력이 있다. 어느 대뇌학자는 뇌세포의 98%가 말의 지배를 받는다고 발표했다.

말에는 견인력이 있다. 말에는 행동을 유발하는 힘이 있다. 말을 하면 뇌에 박히고 뇌는 척추를 지배하고 척추는 행동을 지배하기 때문에 말하는 것이 뇌에 전달되어 행동을 이끌어낸다. 말에는 성취력이 있다. 자신이 하고 싶은 일을 종이에 써서 되풀이해서 읽는 동안 성취할 수 있는 동기가 부여된다.”

우리 아이들은 세상을 위해 기도하고 행동하는 아이들이 될 것이다.

한 가정에서 12명의 박사가 나오다

한 가정에 12명의 박사가 나왔다.

미국 교육부의 공식 연구 대상이 된 고홍주 씨 가족. 고홍주 씨는 5.16 쿠데타가 일어나자 주미 공사를 사직하고 미국에서 망명 생활을 시작했다. 고홍주 씨의 아내 전혜성 씨는 보스톤 대학 사회학 인류학 박사이면서, 6남매를 모두 하버드, 예일 등 명문대 박사로 키워냈다. 그 가족은 8명이 모두 12개의 박사 학위를 가지고 있다. 그 가족은 무슨 일이 있더라도 아침 식사는 온 가족이 한 식탁에 빙 둘러앉아 했다고 한다. 그리고 매일 저녁 책상 8개를 한 방에 갖다 놓고 온 가족이 공부로 밤을 지새웠다. 한국적 공동체 의식의 성공이라고 할 수 있겠다.

전혜성 여사는 어느 인터뷰체서 무얼 가르치려고 하지 않았다고 했다. 그냥 부모가 책을 읽는 모습을 보여주었을 뿐이고 아이들끼리 도와가며 공부를 하도록 했다고 한다.

나폴레옹이 남긴 말은 어린 자식에게 엄마가 얼마나 중요한 영향을 미치는지를 엿볼 수 있게 해준다.

"자식들의 운명은 언제나 그 어미가 만든다."

물론 아빠의 영향도 크다. 그러나 엄마의 영향이 더 크다.

배움이 어떠한 과정을 통하여 이루어지는가에 대한 의문을 심리학은 학습(learning)이라는 개념을 통해 답변을 시도한다. 학습이란, 경험 또는 훈련의 결과로 일어나는 행동 또는 행동 잠재력의 비교적 영속적인 변화를 말한다. 지금까지의 심리학 연구에 의하면 학습은 크게 다섯 가지 유형을 통해서 이루어진다.

① 조건 형성으로 세상을 배운다.

사람들은 어떤 자극과 자극의 결합을 통해 세상을 배우는데, 이러한 학습의 원리를 조건 형성 학습(conditioning learning)이라고 한다.

사람들은 자신의 지식이나 태도와 유사하거나 반대되는 것을 짝짓고, 시·공간적으로 인접한 것들을 연관 지으며 자주 경험하게 되는 것들을 배우게 된다는 학습 원리다.

가령, 우리 속담에 "자라 보고 놀란 가슴 솥뚜껑 보고도 놀란다"는 말이 있다. 자라 보고 놀라더니 그와 유사한 솥뚜껑을 보고도 놀란다는 이 속담은 결합의 법칙 중 유사성의 법칙에 해당한다.

러시아의 생리학자인 파블로프는 개의 타액(침) 분비 실험을 하던 중 개가 먹이를 주기 위해 걸어오는 사람의 발자국 소리에 침을 흘리는 것을 보고 이러한 학습을 실험적으로 검증하였다. 개는 발자국 소리와 먹이를 조건 형성 학습한 것이다.

조건 형성 학습은 이와 같이 어떤 자극이 자극에 따라오는 다른 조건과 관련지어 자동적·즉각적·무의식적으로 학습이 이루어지는 것으로 조건 형성 학습은 세상을 배우는 원리 가운데 가장 보편적이면서도 기본적인 원리다.

② 시행착오로 세상을 배운다.

시행착오 학습(trial and error learning)은 사람들이 어떠한 일을 시도하고 나서 나타나는 오류를 보고 이후의 행동에서 오류를 감소함으로써 세상을 배운다는 학습 원리다. 결국 시행 횟수가 증가할수록 이전의 실패를 경험 삼아 이후의 시행에서 오류가 감소되고 어떤 일을 행하는 데 걸리는 시간도 줄어들게 된다는 학습 원리다.

이러한 시행착오 학습은 인간의 학습을 진화론적, 기능주의적 관점에서 보는 것으로 조건 형성 학습과는 다른 형태다. 조건 형성 학습은 자극들 간 혹은 반응들 간에 일어나는 무조건적인 결합에 의해 학습이 이루어지는 데 비해 시행착오 학습은 이전의 실패를 반영할 수 있는 인간의 기능(faculty)을 인정한다. 그러나 여기에서 반영한다는 것은 인지적인 사고 과정이 아닌 단순히 기능적인 수준에서 일어나는 행동 과정에 불과하다는 점을 염두에 두어야 한다.

시행착오 학습의 대표적인 학자로는 쏜다이크(Thorndike)와 스키너(Skinner) 같은 행동주의자들이다.

쏜다이크는 시행착오 학습을 학습의 기본 형태로 보았다. 그는 실험을 통해 처음에는 시행착오 학습을 도태와 결합(selecting and connecting)으로 보고, 진화론적인 인간의 적응 과정에 초점을 두었다. 이것은 학습이란 직접적인 것이며 사고나 추리에 의해서 매개된 것이 아님을 뜻하는 것이기도 하다.

③ "아하! 그렇구나"로 세상을 배운다.

사람들은 세상을 배우는 데서 그렇게 무조건적인 결합이나 행동상의 시행 오류를 통해서만 세상을 배우는 것은 아니다. 인간은 수동적이면서도 적극적으로 세상에 대해 알려고 하는 존재이기 때문이다.

쾰러(Kohler)는 이에 따라 새로운 학습 이론을 제시한다. 그의 학습 이론은 인간의 의식 과정의 추리 능력을 무시한 채 인간을 검은 상자(black box)로 보는 행동주의적 관점과는 달리, 인간의 의식과정과 추리 능력 같은 인지 능력을 인정한다.

그는 인간은 "아하! 그렇구나" 하고 탄성을 지르면서 아는 것과 같이 '아하! 경험'(aha! experience)을 통해 학습을 하며, 이 과정은 체계적인 단계를 거쳐 점진적으로 일어나는 것이 아니라 크게 비약하듯이 한순간에 일어난다고 보았다. 그래서 이 학습을 비약적인 인지 과정으로 일어나는 학습이라고 해서 '통찰 학습(insighting learning)'이라고도 한다.

쾰러는 원숭이 실험을 통하여 통찰 학습의 예를 보여 주고 있다. 쾰러는 원숭이가 닿을 수 없는 높이에 맛있는 바나나를 메달고 그 주변에 상자와 막대기, 끈을 흩트러 놓았다. 바나나에 접근하기 전에 원숭이는 뭔가를 생각하는 듯했다. 그러다가 원숭이는 문득 무슨 생각이 난 듯이 끈으로 막대기를 연결하고는 상자에 올라서더니 바나나를 따 먹었다. 원숭이는 이하의 경험을 통해 마침내 바나나를 따는 방법을 터득한 것이다.

이와 같이 통찰 학습은 시행착오와 같은 직접적인 경험을 거치지 않고 머릿속에서 이루어지는 간접적인 경험을 통해 인식에 도달하는 학습이다. 사람들도 어떤 문제를 해결하는 동안 그 해결을 하기 위한 고민을 하는데 이때 상상 속에서 인지적인 시행착오를 경험하게 된다.

시행착오 학습에서의 시행착오란, 경험을 통해 직접 겪게되는 것임에 반해 통찰 학습에서의 시행착오는 인지 과정을 통해 간접적으로 겪게 되는 것이라는 점에서 서로 다르다.

통찰 학습은 점증적 학습이 아니라 비약적 학습을 설명하는 학습원리다. 퇴근길에 길이 막혔을 때 운전자들은 집으로 가는 우회하는 길을 알 수 있다. 이때 운전자들은 직접적 이 길 저 길을 들락거려 보는 시행착오 학습을 하기보다는 머릿속의 인지도(cognitive map)를 통해 대이적인 시행착오를 경험한다. 이러한 인간의 인지적인 능력을 인정하는 통찰 학습은 심리학의 형태주의적 흐름과 관련된다.

④ 관찰함으로써 세상을 배운다.

관찰하고 그 결과를 종합함으로써 세상을 배운다는 학습 원리를 관찰 학습(observational learning)이라고 한다. 관찰 학습도 인지론적인 관점에서 인간의 학습 과정을 설명한다.

반두라(Bandura)는 관찰 학습에는 모방이 포함되기도 하고 빠지기도 한다고 주장한다. 당신이 길을 걷다가 앞사람이 하수구에 빠지는 것을 보았다면 당신은 그 사람이 가던 길을 비켜서 갈 것이다. 이때 당신은 앞사람을 모방하지는 않았지만 관찰을 통해 학습을 한 것이다. 관찰 학습은 모방보다는 한 단계 더 발전된 과정이라고 할 수 있다.

이러한 관찰 학습은 보상과 처벌이 없어도 잠재적으로 이루어지는 잠재 학습(latent learning)을 인정한다. 텔레비전이나 비디오의 영향은 직접적인 행동으로 표현되지는 않지만 인간의 내면에서 잠재 학습이 이루어지고 있으므로 어느 순간 단서(cue)나 기회가 주어지면 행동으로 나타날 수도 있는 것이다.

사람들은 남의 경험을 나의 경험화하는 타산지석(他山之石)의 능력을 통해 세상을 배우기도 하는데 이런 학습이 관찰 학습이다.

⑤ 신경 생리학적으로 세상을 배운다.

신경 생리학적 학습(neurophysiological learning)은 세상을 배우는 원리가 신경 생리학적으로 설명될 수 있다고 주장하는 학습 이론이다.

이러한 관점에 따르면 사람들은 무선적으로 서로 연결되어 있는 신경망(neural network)을 가지고 태어난다. 이러한 신경망은 성장하면서 경험을 통해 더욱 조직화되고 경험은 인간이 환경과 효과적인 상호작용을 할 수 있도록 수단을 제공해 줌으로써 세상을 배워 나가게 된다는 원리다.

대표적인 학자인 헵(Hebb)이다. 그는 경험주의적인 학습 이론을 강화시켜 주었다. 그는 지능, 지각, 심지어는 정서까지도 경험에 의해 학습된 것이지 생득적으로 타고난 것이 아니라고 주장하면서 사람의 지적 발달은 어릴 때의 경험이 무엇보다 중요함을 강조한다.

유아기의 경험은 개념, 사고유형, 그리고 지각하는 방법을 발달시키게 되는데, 이것들이 바로 지능을 이루게 된다. 따라서 유아기 때 대뇌에 상처를 입으면 발달 과정이 방해를 받는다. 그러나 같은 상처라도 성숙한 다음에 받으면 발달을 거꾸로 뒤집지는 못한다.

-Hebb, 1980

학습에서 무엇보다도 중요하게 염두해 두어야 할 것은 모든 학습에 있어서 공통적으로 경험이라는 말이 등장한다는 점이다. 경험은 직접적이든 간접적이든 학습이 일어나기 위한 필수 조건이다.

세상을 배우고 세상을 알기 위해서는 어렸을 때부터 다양한 경험을 시켜주는 것이 좋다. 아이들이 기억도 못 한다고 하지만 아이들은 머리와 가슴 속에 암묵기억으로 간직하고 있다.

방송인 중에 방송으로 딸과 함께 여러 나라를 다녀봤는데, 딸이 기억도 못 해 돈만 썼다고 후회하는 말을 하는 것을 봤다. 아니다. 그 아이는 기억 속에, 뇌 속에 이미 좋은 경험으로 추억으로 남아서 인생의 소중한 에너지원이 되고 있다.

일곱 살 전후의 아이와 함께 캠핑을 하고, 낚시를 하고, 축구를 하고, 등산을 하고, 놀이공원을 가보자. 함께 한 경험과 스킨십이 서로에게 유대감과 친밀감을 높여주고 부모 자식간의 사랑의 연접(시냅스, 신경세포를 연결해주는 고리)을 만들어낸다.

몰입하는 아이를
방해하지 말 것

"규민아!

집사람이 부엌에서 일을 하다가 큰아들을 부른다.

그런데 학교에 다녀와서 만화 영화에 빠져 있는 큰아들은 대답이 없다.

"규민아!"

집사람이 여전히 부드러운 목소리로 큰아들을 부른다.

"……"

그러자 집사람 목소리가 앙칼지게 높아지면서,

"최규민! 너 뭐 하고 있니?"

버럭 소리를 지른다.

그 때서야,

"왜, 엄마?"

아니 너는 엄마가 부르면 바로 대답을 해야지 뭐 하는 거냐고 따지면서 집사람과 큰아들의 대화는 격돌하기 시작한다.

아이들은 만화영화든, 게임이든, 놀이든, 장남감이든 자신들이 좋아하는 것에 푹 빠진다. 사실 푹 빠질 줄 아는 아이들이 정상이다.

무엇인가에 몰두하고 몰입할 수 있다면 그것은 엄청남 집중력을 가지고 있는 것이고 그런 집중력은 창의력의 기본이기도 하다.

그러나 엄마들은 속 터진다.

빨리 대답하고, 빨리빨리 움직여서 다음 과외나 학원을 가길 바라고, 엄마의 말에 순종하는 자식을 원한다.

"창의적으로 일을 하려면 개인 의지와 조직 환경 중 무엇이 더 중요한가요?" "창의력을 발휘하려면 두 가지 측면이 모두 필요하죠. 관리자가 리더십을 바탕으로 근로자들을 꾸준히 자극하면 그만큼 일에 대한 몰입도는 올라갑니다. 반면 근로자 개인이 일 자체에 큰 관심이 없으면 그런 노력은 별 소용이 없겠죠."

오세훈 전 서울시장이 시장 재임 시절 외부 전문가 과정을 도입했는데 46회째 손님으로 칙센트미하이 교수를 초청했다.

칙센트미하이 미국 클레어몬트대 경영대학원 심리학과 교수였다. 칙센트미하이 교수는 저서 '몰입의 경영', '플로' 등 '몰입 이론'으로 긍정심리학의 문을 열었다는 평가를 받는 학자다. 대표작 '몰입의 즐거움'은 국내에서도 20만 부가 넘게 팔린 스테디셀러다.

칙센트미하이 교수는 "서울처럼 거대한 도시 속 1000만 시민의 삶을 책임지는 여러분의 경우 특히나 일을 잘한다는 것은 쉽지 않은 일"이라며 "그렇기 때문에 여러분이 일에 '몰입'해 즐거움을 느낄 때 서울 시민의 삶도 창의적으로 변한다"고 설명했다. 무엇보다도 공무원 스스로가 개인적으로 만족스러워야 시민에게 봉사하는 일을 잘할 수 있다는 것이다.

그는 "개인적으로 만족할 수 있는 일이란 꼭 누군가에게 칭찬이나 보상을 받지 않더라도 일한 경험 자체만으로 스스로 만족할 수 있는 것을 의미하며 일에 대한 집중과 몰입을 통해 실패의 두려움이나 타인과 자신에 대한 의식, 시간 개념 등을 모두 잊을 수 있다"고 말했다.

심부름하면
쿨팝 사줄게

우리 아들들은 집 앞 떡볶이집의 쿨팝이란 것을 좋아한다. 컵에 위에는 프라이드 치킨이 작에 들어있고, 밑에는 오렌지 쥬스같은 음료수가 들어있어 간식거리로 좋아한다. 그래서 아이들에게 심부름을 시키거나 좋은 일이 있을 때면 선물로 쿨팝을 사준다.

아이들에게 버릇없어진다고 조건부 계약을 하지 말라고 한다. 그러나 아이들 행동에 동기부여를 해주는데 조건부 계약만큼 효과적인 것이 없다.

이러한 계약을 심리학에서는 유관 계약(contingent contract)이라고 한다.

유관 계약은 행동주의 심리학의 대표학자인 스키너(Skinner) 이론을 확대시킨 것 중 하나로 일종의 조건부 계약(conditional contract)을 말한다.

어떤 식으로 행위하면, 원하는 어떤 것을 가질 수 있도록 상황 배열을 하는 것으로 간단히는 "시험을 잘 보면 시계를 사 주마", "조용히 하면 나가 놀아도 된다"는 식이다.

이런 유형의 계약은 더 나아가서는 심리 치료, 비만 치료 등에도 적용된다.

가령, 비만 문제를 해결하기 위해서 친구에게 10만 원을 맡긴다. 그리고 1주일에 몸무게를 1kg 줄일 때마다 만 원씩을 돌려받기로 하고, 계약을 이행하지 못하면 만 원은 친구가 갖는 식이다. 단, 조건부 계약이 효과를 얻기 위해서는 먼저 계약 조건이 성적이 오르거나, 살이 빠지는 것과 같이 개인적으로 또 사회적으로 지지를 받을 수 있는 바람직한 가치들로 이루어져야 하며 다음으로 성립된 계약은 깨뜨리지 않는 것이 중요하다.

일반적으로 부모들이 자녀들에게 "뭐 하면, 뭐 해 주마"라고 조건을 다는 것은 좋지 않다고 하나, 그것은 조건부 계약의 효과를 잘 모르고 하는 말들이다. 마냥 열심히 하라는 것보다 조건부 계약을 하는 것이 처음에 어떤 일의 동기를 유발시키는 데 더 효과적이다.

그리고 계약이 이루어진 이후에는 어떤 물리적 보상이 주어지지 않더라도 사회적 지지라는 새로운 형태의 보상에 의해 그 일을 계속해 나가기 때문에 유관 계약은 더욱 효과를 발휘하게 되는 것이다.

그러나 계약을 실행하지 않으면 말을 안 하느니만 못하다.

조건부 계약은 사람으로 하여금 동기부여를 하게 만든다. 동기부여는 스스로 내부에서 일어나는 내적인 동기부여도 있지만, 외적인 보상이나 칭찬, 다른 사람들의 사회적 기대를 받음으로써 나타나는 동기부여도 있다.

톰 우젝(T. Wujec)은 창의성을 요리에 비유하면서 창의성에서 중요한 세 가지 요소를 들었다. 새로움(novelty), 아이디어를 구체화할 수 있는 능력과 결과물과 관련된 가치(value), 내적 동기부여와 관련된 열정(passion)이 그것이다. 열정은 바로 돈과 승진 같은 외적 동기부여로도 일어날 수 있지만, 더욱 중요한 것은 내면의 가치, 일의 즐거움, 하고 싶어 하는 일, 자존심, 성취 욕구와 같은 내적 동기부여로 일어날 때 더 활활 타오른다. 그에 비해 에이머빌(T. M. Amabile)은 창의성에는 전문성(expertise), 창의적 사고력(creative thinking skills), 동기부여(motivation)가 중요하다고 주장하면서 특히 동기부여를 강조했다.

사람들의 동기부여는 외적 동기부여(external motivation)와 내적 동기부여(internal motivation)로 구분된다.

외적 동기부여를 하는 아이들은 평가, 보상, 경쟁, 제한, 직접적인 유인가, 강화, 강요에 의해 움직인다. 그런 방식은 창의성의 발달이나 성취에 별로 도움이 되지 않는다. 오히려 창의성 발달과 창의적 활동을 저해한다. 돈을 보고 직장을 선택하는 사람, 돈을 따라 움직이는 벤처 연구가, 상대방으로부터 강화를 받기 위해서 하는 사랑, 상사의 평가 때문에 움직이는 세일즈맨, 남보다 한발 앞서 나가기 위해 경쟁하는 사업가는 창의적이지 못하고 창의적인 결과를 생산하지 못한다. 그러나 동기부여를 일으켜서 사람을 움직이게 하는 힘을 가지고 있다.

그에 비해 내적 동기부여를 하는 아이들은 새로운 것 이상한 것에 스스로 흥미를 느끼고 탐구적, 자발적으로 문제 해결의 과정을 전개하는 활동에서는 창의적인 태도, 기능, 성과가 두드러지게 나타난다. 내적으로 동기부여 된 사람들은 마음이 열려 있고, 수용적이며 존중받는 학습 분위기와 가정 분위기에서 가장 자신다워지고 창의적인 존재로서 성장했다. 남들의 눈치로부터 자유롭고, 허례허식으로부터 자유로우며, 외적 보상과 경쟁보다는 내적 보상과 성취감에 따라 움직이며, 풍부한 자료를 접할 기회를 갖고, 스스로 세운 목표와 계획을 실험하고 탐색하고, 여러 가지 상황을 경험하고, 스스로 기준을 세워서 자신의 활동과 결과를 평가한다. 내적 동기화는 밖으로부터 주어지는 수용적인 것이 아니라 안으로부터 피어나고 스스로 동기화되는 자발적인 활동이다. 우리 아이들이 자발적으로 움직이지 않는다면 일단 조건부 계약을 하는 것도 좋다.

"이번에 시험 잘 보면 네가 원하는 것 사줄게."

"태권도 1품 따면 키즈폰 사줄게."

그렇게 동기부여가 되어 행동을 강화시켜 목적이 달성되면 칭찬을 아끼지 말아야 한다.

할아버지 할머니에게도 알리고 주변 사람들에게 알려서 자랑을 해 줘야 자존심도 으쓱해지고 스스로도 잘한 일이라고 생각하게 된다.

주변 사람들의 사회적 지지(social support)가 생기면 나중에는 외적 보상이 없이도 내적 보상에 의해 스스로 움직이게 된다.

고구마 줄거리도 변한다

『칭찬은 고래도 춤추게 한다』라는 책이 있다.

칭찬이 가지고 있는 심리적 효과를 나타내는 말이기도 하지만 칭찬은 사람이든, 동물이든, 심지어 식물까지도 변화시킨다.

말한 대로 이루어진다는 자기 충족적예언을 하는 사람들은 자기도 모르게 그 예언에 맞춰 정보를 수집하고 충족시키려고 한다. 그러니 부정적인 예언은 부정적인 결과들을 불러올 수밖에 없다. 하지만 긍정적인 암시나 긍정적인 예언을 하면 심리와 행동들이 긍정적인 방향으로 변화하고, 결국 원하는 결과를 얻을 수 있게 된다.

정보를 취사선택할 때도 사람들은 그에 알맞은 것을 받아들이고 맞지 않는 것을 버린다. 예를 들어 어떤 사람이 선한 사람이라는 믿음을 가지고 있으면 그 사람을 볼 때 선한 느낌을 받아들이고 나쁜 인상이나 악한 느낌은 버리게 된다. 그리고 '역시 선한 사람이었어.' 하는 결론을 얻는다. 그러니 결심을 할 때도 긍정적이고 자기 보상적인 예언, 자기를 칭찬하는 예언을 해야 한다.

긍정적인 말은 사람이나 동물뿐 아니라 식물도 변화시킨다. 실제로

2012년 KBS TV에서 포항 스틸러스 프로축구팀의 고구마 실험 이야기를 보도한 적이 있다. 황선홍 감독은 고구마 화분 두 개를 놓고 실험했다.

한쪽 고구마 화분에는 선수들이 지나갈 때마다 "사랑스런 고구마야, 넌 참 예쁘구나. 앞으로도 건강하게 무럭무럭 잘 자라." 등 긍정적이고 좋은 말과 칭찬만 했다. 반대로 다른 고구마 화분에는 "못생긴 고구마야. 넌 안돼, 꺼져!" 등 부정적이고 나쁜 말만 퍼부었다. 두 달 동안 똑같은 환경에서 똑같은 물을 주고 길렀는데도 불구하고, 고구마 화분에서는 놀라운 결과가 나타났다. 좋은 말만 들었던 고구마는 줄기와 잎이 무성한 반면, 나쁜 말만 듣고 자란 고구마 줄기는 눈에 띄게 시들시들하고 덜 자란 것이다.

선수들과 황선홍 감독은 실험결과를 보고 깜짝 놀랐고 긍정적인 태도와 말, 긍정적인 마음가짐이 얼마나 중요한지 체감하게 되었다. 그래서 팀원들끼리 서로 칭찬하며 감사하고 격려하는 쪽지와 메시지를 주고받으며 서로를 북돋우면서 신뢰를 쌓아갔다. 이 신뢰를 바탕으로 조직력도 더욱 끈끈해졌고 이후 프로와 실업팀 전체가 참여한 FA컵 대회에서 우승하고, 다음 해에는 프로선수 리그인 K리그에서도 우승을 하게 된다.

성공하는 사람들에게는 자신을 북돋는 격언이나 경구, 좌우명이나 좋아하는 구절, 좋아하는 시와 노래가 있다. 예를 들어 골프선수 최경주는 홀에서 홀을 넘어갈 때마다 자신이 좋아하는 말과 성경 구절을 써놓은 것을 읽는다고 한다. 축구 선수 유상철은 '땀 흘린 만큼 내게 돌아온다.'는 좌우명을 가지고 있었고, 성악가 조수미는 '두려워하지 말고 자신을 믿으라.'는 말을, 박찬호 투수는 '모든 일 중에서 가장 어려운 것은 꾸준할 수 있다는 것이다.'라는 말을, 만화가 이원복은 '좋아하는 일을 하라. 평생을 해도 즐거운 일이 있다면 그것이 곧 성공이다.'라는 말을 좋아했다고 한다.

아이들과 같이 주방에 양파를 키워보자. 한쪽은 긍정의 말을 해주고, 다른 쪽은 부정적인 말을 해봐도 이런 결과가 나타난다. 아이들이 신기해한다. 일곱 살 무렵의 아이들에게 있어 가장 중요한 것은 칭찬이다.

어른도 칭찬을 듣게 되면 자존심도 서고, 어깨도 으쓱 올라가고, 없던 힘도 생기는데 아이들이야 오죽할까?

특히 일곱 살 무렵에는 스스로 성취하는 일들이 많아진다. 문제 해결능력도 좋아지고 자기 표현력도 좋아지고 유치원이나 학교에서도 만들기나 그림 그리기도 많이 한다. 모든 것을 칭찬해주자. 그리고 격려해주자.

그러나 주의할 것은 두루뭉술한 칭찬이 아니라 구체적으로 칭찬해주어라.

"규민아! 오늘 축구 시합할 때 종연이에게 패스해서 골 넣은 것은 정말 대단했어!"

"패스하기 전에 테크닉이 좋던데?"

"아빠! 그게 바로 팬텀이라는 축구 기술이야. 멋지지?"

"언제 그런 기술을 배웠어."

"역시 우리 아들은 대단해!"

아이방에
거울을 걸어줄 것

내가 어렸을 때 시골에서는 정월 대보름날 밤에 이집 저집 돌아다니면서 밥을 훔쳐 먹은 기억이 있다. 동네 어른들은 미리 밥을 가져가라고 미리 준비를 해주시기도 했고, 어떤 경우에는 몰래 훔쳐오기도 해서 양동이에 온갖 나물 반찬에 고추장, 참기름을 넣어 비벼 먹었던 기억이 난다. 요즘에야 말도 안 되는 일이지만 내가 어렸을 때 우리 시골에서는 그런 풍습이 있었다. 미국도 비슷한 풍습이 있는데 바로 핼러윈 데이다.

핼러윈 데이(10월 31일)에 현장 실험을 했다. 미국에서 이날은 아이들이 유령이나 괴물로 분장하고 집집마다 다니며 과자와 사탕을 얻어먹는다. 실험자들은 집 현관 앞 탁자 위에 과자 바구니를 갖다 놓았다. 아이들이 과자를 얻기 위해 집에 들어오면 실험자는 "과자를 하나씩만 가져가라"고 이야기하고는 다른 곳으로 볼일을 보러 가는 척했다. 한 조건에서는 과자 바구니 뒤에 아무것도 없었고 다른 조건에서는 과자 바구니 뒤에 큰 거울이 있었다.

그 결과 거울이 없는 조건에서 9~12세 아이들 중 약 반수가 하나 이상의 과자를 가져갔고, 12살이 넘은 아이들의 경우에는 네 명 중 세 명꼴로 하나 이상을 가져갔다. 그러나 거울이 있는 조건에서는 9~12세 아이들 중 단지 10%만이 한 개 이상을 가져갔고, 12세 이상의 경우에는 한 사람도 한 개 이상을 가져가지 않았다.

거울이 있고 없고에 따라서 아이들의 행동이 크게 달라졌던 것이다. 이는 거울이 아이들에게 자신의 모습을 비춰줌으로써 자의식을 높였고, 그렇게 높아진 자의식이 아이들에게 사회 규범에 맞는 행동을 하도록 영향을 미쳤기 때문에 나타난 현상이다.

아이들뿐 아니라 어른들도 거울을 보며 자신을 돌아본다. 목욕탕에서 화장대 앞에서 자신의 모습을 보며 때로는 실망하고 때로는 기뻐한다. 거울은 단지 하나의 물체에 불과하지만 그 거울 속에서 사람들은 또 다른 자신과 대화하는 것이다. 그러므로 방이나 사무실에 큰 거울이 있다면 자신과 좀 더 가까워질 수 있을 것이다.

『내가 누구인지 말할 수 있는 자는 누구인가』라는 긴 제목의 소설이 베스트셀러가 된 적이 있었다. 내용도 내용이었지만, 제목이 독자들에게 어필한 면도 적지 않았던 것으로 기억하고 있다. 『내가 누구인지……』라는 제목이 사람들의 눈길을 사로잡고 공감을 불러일으킨 이유는 무엇일까?

그것은 누구나 한 번쯤은 생각해본 적이 있었던, 그러나 지금은 바쁜 일상에 묻혀 잃어버린 '나는 누구인가'하는 그 물음을 정확히 상기시켜주었기 때문일 것이다.

사람들이 자신에 대해 물음을 갖는다는 것은 주의(attention)가 자신에게 쏠려 있다는 뜻이다. 이처럼 사람들이 자기 자신에게 주의를 기울이고 자신을 인식할 수 있는 것은 '자의식(self-awareness)'을 가지고 있기 때문이다.

자의식은 의식의 초점이 자신에게 맞춰져 있어 자기를 인식하고 있는 상태를 말하는 것으로, 공적 자의식과 사적 자의식으로 나뉜다. 공적 자의식이 높은 사람은 남들이 자신을 어떻게 평가하고 보는지에 신경을 많이 쓰기 때문에 유행, 외모 등에 관심이 많다. 그리고 체면과 눈치를 많이 보기 때문에 태도와 행동이 일치하지 않는 경우가 많다. 그에 비해 사적 자의식이 높은 사람은 혼자 있기를 좋아하고 자기 내면의 감정, 의견에 매우 민감하고 자신에게 좀 더 충실하려는 경향이 있어 태도와 행동이 상당히 일치한다(빅클룬트, 1975).

자의식은 어떻게 형성되고, 어떻게 자라는 것일까? 어떤 사람은 어린아이가 처음 '거울'을 보는 순간이 자의식이 시작되는 순간이라고 말하기도 한다. 조금 과장된 표현이겠지만, 특히 여자아이의 경우 거울을 보면서부터 자기에 대한 관심이 더 높아지는 것이 사실이다. 그것은 아이가 성숙해가는 증거이기도 하다. 거울을 보며 자신의 모습을 가꾸고 자신의 얼굴 표정을 바라보며 자기 자신과 대화하는 것이다.

물론 이러한 현상은 정도는 약하지만 남자들에게서도 나타난다. 남자들도 거울을 보며 자신의 모습에 대해 생각하고 고민한다. 거울 속에서 사람들은 자기와 대화하며 자기에 대한 인식을 높이는 것이다.

사람들은 흔히 거울이나 사진을 볼 때, 또는 자신이 찍힌 비디오를 보거나 자신의 목소리가 녹음된 테이프를 들을 때 자의식에 빠진다. 자의식에 빠지게 되면 주의가 자신에게 쏠리고 내면 들여다보게 되므로 행동에 변화가 생긴다.

　지금이라도 아이 방에 거울이 없다면 거울을 하나 달아주고, 거실과 목욕탕, 사무실에도 커다란 거울을 걸어놓자. 그리고 그 앞에서 내 모습을 비춰보며 자신과 진솔한 대화를 나눠보는 것도 나를 알고 이해하는 데 적지 않은 도움이 될 것이다.

아이의 말을
끊지 말라!

아이들을 키우고 교육을 하려다 보면 '이렇게 하라' '저렇게 하라' '그것은 하지 마라' '그렇게 하지마라' 말도 많다.

그러나 그러한 지시적 훈육은 효과가 적다. 말을 많이 하기보다는 들어주는 게 효과적일 수 있다. 단지 말을 들어주기만 해도 사람들의 심리가 변하는 현상을 '파파게노 효과'라고 한다.

아이들에게 '~하지 마라.' '~해라.'라는 말은 과연 얼마나 효과가 있을까? 대개의 부모들은 즉각적인 효과를 기대하면서 아이들의 행동을 일일이 지시하고 가르쳐준다. 그러나 그러한 훈시조의 가르침보다는 아이들에게 긍정적인 자기상을 심어주는 것이 훨씬 더 효과적이다 (밀러 등, 1975).

자기에는 행위의 주체이자 의식 경험의 주체인 'I'와 관찰의 대상이 되는 객관적인 'Me'가 있다. 그동안 주로 심리학은 객관적인 자기인 'Me'를 연구해왔는데 자기는 세 가지 구성요소로 이루어져 있다(제임스, 1890).

1. 물질적 자기(material ego) : 신체, 의상, 집, 소유물 등에 바탕을 두고 이루어지는 자기다.
2. 사회적 자기(social ego) : 타인들로부터 받는 자기에 대한 평가로, 사회 생활 속에서 이루어지는 자기다.
3. 정신적 자기(spiritual ego) : 내면의 주관적인 성격, 정서, 동기, 생의 의미 등으로 구성된 자기로 가장 중요하다.

주위를 많이 어지럽히는 아이들에게 선생님이나 부모가 그러지 말라고 이야기해주거나(훈시집단), 너희들은 착하니까 어지럽히지 않을 것이라고 이야기해주었다(긍정적자기상 부여집단). 다른 한 집단의 아이들은 두 집단과 비교를 위해 선정되었으나 그들에게는 아무런 조치도 취하지 않았다(통제집단).

그 결과 훈시집단과 긍정적 자기상 부여 집단의 아이들 모두 어지럽히는 행동이 줄어들었다. 그러나 다른 점도 있었다. 긍정적자기상 부여집단의 아이들은 많은 시일이 지나도 깨끗이 하려는 행동을 유지했지만 훈시집단은 그렇지 않았다. 훈시집단의 아동들은 처음 10일까지는 훈시의 효과가 어느 정도 효과가 나타났지만 시간이 지나자 처음과 같은 수준으로 어지럽히는 행동을 했다.

그러므로 아이들에게는 '~를 하지 마라' '~를 해라'와 같은 지시적 언어보다는 '너는 할 수 있다' '너는 착한 아이다'와 같은 긍정적 언어를 사용하며 자기에 대해 긍정적인 자기상을 심어주는 것이 행동을 변화시키는 데 효과적이다.

베트테르 효과란 유명인이 자살하면 따라 죽는 동조 자살 현상을 말한다. 그에 비해 파파게노 효과는 미디어에서 자살을 다루지 않을 경우 자살률이 그렇게 증가하지 않는 현상이다. 그러나 원래 파파게노는 남의 말을 들어줌으로써 공감하고 어려움을 극복하게 하고 죽음으로부터도 구할 수 있다는 의미이다.

파파게노 효과(Papageno effect)는 자살에 대한 언론 보도 자제를 통해 자살을 예방할 수 있는 효과이다. 자살에 대한 상세한 보도가 또 다른 자살을 야기한다는 연구 결과에 근거해 주목받는 개념이다. 오스트리아에서 효과가 입증된 바 있다.

파파게노는 모차르트의 오페라『마술피리』(1791년)에서 심오한 철학과 반전이 거듭되는 이야기 구조 속에서 웃음과 희망을 상징하는 인물이다. 파파게노는 어느 날 삶을 비관해 자살을 시도하게 되고 세 명의 요정들이 나타나 이를 만류하며 희망의 노래를 전한다. 이에 파파게노는 죽음의 유혹을 극복하게 된다. 파파게노 효과는 여기서 유래한 용어이다.

누군가가 다른 누군가의 말을 듣는다는 것은 어쩌면 한 사람의 인생을 바꿀 수도 있는 일이다. 유명인이 자살할 경우 따라서 자살하는 것을 일컫는 베르테르 효과는 많은 사람들이 잘 알고 있다. 하지만 그 반대의 개념인 파파게노 효과에 대해 아는 사람은 그다지 많지 않다. 파파게노 효과(Papageno effect)는 자살하려는 사람 앞에 누군가 나타나 이야기를 들어주면 그는 죽지 않는다는 것이다.

사람들은 대부분 다른 사람의 말을 듣는 것보다 자신이 말하기를 더 좋아한다. 여러 사람이 모인 자리에서 살펴보면 다른 사람의 말을 전혀 듣지 않고 자기 말만 하는 사람이 있다. 이런 사람들은 다른 사람의 말을 중간에 잘라버린다. 그러다 보니 한 모임에서 두세 사람이 각자 자기 이야기를 하는 상황이 생기기도 한다. 다른 사람의 말을 들을 줄 모르는 사람은 아마도 듣는 것이 말하는 것보다 훨씬 소중하고 가치 있는 일이라는 것을 모를 것이다.

살다 보면 누구나 힘들고 기가 막히는 상황과 마주칠 때가 있다. 이럴 때 누군가가 조용히 자신의 이야기를 들어준다면, 그 사람은 자신의 이야기를 털어놓을 수 있었다는 사실, 그리고 그 이야기를 누군가가 진지하게 들어주었다는 사실만으로도 마음이 안정되고 치유되는 효과를 얻는다. 특히 억울한 일을 당했을 때는 자신을 믿어주고 이야기를 들어주는 사람이 있다는 사실만으로도 눈물이 핑 돈다.

한편 연세 드신 분들이나 외로운 사람들은 이야기할 상대가 없으면 혼자서라도 중얼거린다. 배가 고파도 허기지지만 말이 고파도 허기지는 법이다. 그래서 남자든 여자든, 어른이든 아이든 간에, 남녀노소를 막론하고 자신의 이야기를 잘 들어주는 사람을 신뢰하고 좋아하는 것은 너무나 당연한 일이다. 다른 사람의 목소리에 조용히 귀를 기울여보자. 상대방의 말을 공감하며 들어준다는 것은 듣고 있는 자신을 잊어버리는 것이다. 상대의 이야기에 몰입하다 보면 온전히 상대의 생각에 빙의되기 때문이다. 그렇게 자신을 잊고 상대에게 몰입해서 듣고 공감하고 대답을 하면 상대방은 진심으로 고마움을 느낀다. 그것은 돈으로도 살 수 없는 아주 소중한 것이기 때문이다. 그렇게 자신의 이야기를 들어준 사람에게는 다음에 신세를 꼭 갚겠다는 다짐을 하게 마련이다. 이야기를 들어준 것만으로도 사람 하나를 얻게 되는 것이다.

아이들이 부모에게 자신의 어려움을 토로하거나 수다를 떤다면 급 공감을 해주자. 부모라고 해서 가르치고 지시하려고만 하지 말고 아이들의 말을 들어주자.

눈을 마주치고 아이의 말에 맞장구도 쳐주고 고개도 끄떡거려주자.

그리고 말할 때 아이와 마주 앉아서 말하지 말고 옆에 앉아서 대화를 하자. 마주 앉으면 긴장해서 속에 있는 말을 다하지 못한다.

좋은 부모는 아이들의 말을 들어준다.

창의적 가정환경 질문지

다음은 여러분 가정이 창의적 환경과 얼마나 관련되어 있는지을 알아보기 위한 질문지입니다. 각각의 문항을 읽어보시고 '예, 아니오'를 선택하여 주십시오. 옳고 그른 정답이 있는 것은 아니므로 솔직하게 응답해주시는 것이 중요합니다. 먼저 아래의 각 문항을 읽어 보시고 답을 기록하였다가 20문항을 끝내면, 채점표에 답을 옮겨 기록하여 주십시오.

1. 우리 아이는 궁금한 것이 있으면, 주변 사람들의 눈치를 보지 않고 질문한다.
   ① 예   ② 아니오
2. 아이가 말을 잘 듣거나 어떤 일을 잘할 경우 물질적인 보상을 주려고 한다.
   ① 예   ② 아니오
3. 어떤 일을 결정할 때 가능하면 아이에게 선택권을 주려고 한다.
   ① 예   ② 아니오
4. 우리 집은 생일파티 이외에는 특별한 이벤트가 별로 없다.
   ① 예   ② 아니오
5. 아이에게 다양한 경험과 자극을 주기 위해 여행과 견학을 많이 한다.
   ① 예   ② 아니오
6. 아이가 무엇을 하고 있는지, 어떻게 하고 있는지 늘 신경이 쓰인다.
   ① 예   ② 아니오
7. 우리 부부는 화가 났을 때 화를 풀기 위한 나름대로의 방법을 가지고 있다.
   ① 예   ② 아니오
8. 아이의 마음과 행동을 움직이기 위해서 아이에게 보상을 주는 것은 효과적이다.
   ① 예   ② 아니오
9. 우리 부부는 늘 즐겁게 살려고 노력한다.
   ① 예   ② 아니오
10. 아이가 어떤 실수를 하면, 우리 집에서는 그에 따른 처벌을 반드시 주는 편이다.
    ① 예   ② 아니오

14. 우리 집은 장난감이 항상 제 자리에 있는 편이다.

① 예   ② 아니오

15. 우리 집에서는 늘 유머와 웃음이 끊이지 않는 편이다.

① 예   ② 아니오

16. 아내와 남편의 성 역할이 뚜렷하게 정해져 있는 편이다.

① 예   ② 아니오

17. 우리 가족은 언제나 무언가 새로운 것을 발견하면 뽐내려고 한다.

① 예   ② 아니오

18. 우리 부부는 아이가 성장해서 어떤 직업을 선택했으면 하고 바라는 것이 있다.

① 예   ② 아니오

19. 우리 집에는 아이의 장난감이나 놀잇감이 풍부한 편이다.

① 예   ② 아니오

20. 아이의 창의성은 저절로 형성되는 것이라고 생각하기 때문에 특별히 노력하는 편은 아니다.

① 예   ② 아니오

채점표

문항	A형	문항	B형
1	① 예 ② 아니오	2	① 예 ② 아니오
3	① 예 ② 아니오	4	① 예 ② 아니오
5	① 예 ② 아니오	6	① 예 ② 아니오
7	① 예 ② 아니오	8	① 예 ② 아니오
9	① 예 ② 아니오	10	① 예 ② 아니오
11	① 예 ② 아니오	12	① 예 ② 아니오
13	① 예 ② 아니오	14	① 예 ② 아니오
15	① 예 ② 아니오	16	① 예 ② 아니오
17	① 예 ② 아니오	18	① 예 ② 아니오

19	① 예 ② 아니오	20	① 예 ② 아니오
채점	A형 '예'의 개수	채점	B형 '아니오'의 개수
점수	A형 개수 + B형 개수	점	

※ 1. 채점표의 세로 줄을 중심으로 A형에서 '예'라고 기록한 개수와 B형에서 '아
니오'라고 기록한 개수를 각각 구합니다.
2. A형의 '예'의 개수와 B형의 '아니오'의 개수를 더 합니다.
3. 다음 페이지의 해석에서 부모님의 지배적인 양육 태도를 알아볼 수 있습니다.

창의성(creativity)이란 지적인 능력과 정서적 태도가 밀접히 관련되어 있는 한 사람의 근본적인 삶의 방식이다. 1950년 미국 심리학회장이 된 길포드가 창의성 연구를 촉진할 것을 제창한 이후로 창의성 연구는 다양한 방면에서 연구되어 왔다. 특히 아이의 창의성을 키우기 위한 심리학적인 접근은 인성, 부모, 환경, 교육 프로그램, 대뇌 생리학 분야에서 이루어져 왔다. 특히 0~3세 아이에게 가장 영향을 미치는 부모와 환경은 아이의 창의성 발달에 결정적인 역할을 하기 때문에 매우 중요하다.

아이를 창의적으로 키우려면 우선 부모와 아이를 둘러싼 환경을 창의적으로 만들어야 한다. 특히 아이들의 창의성 발달에 결정적인 시기인 2~3세 전후의 아이들에게는 부모와 창의적 환경의 역할이 중요하다. 그 무렵의 아이들에게 창의적인 부모의 역할과 환경이 제공되지 않는다면 아무리 창의성과 자발성을 타고난 아이일지라도 창의성이란 꽃을 피우지 못하고 시들어 버리고 말 것이다.

창의적 가정환경 질문지는 창의성 연구에 조예가 깊은 하버드 대학의 에이머빌 박사의 이론에 근거해 제작한 것이다.

▶ 16~20점 : 매우 창의적 가정환경 창조의 즐거움이 넘치는 가정

귀하의 가정은 매우 창의적이라고 할 수 있습니다. 아이에게 다양한 자극과 경험을 줄 수 있는 환경이며, 부모님이 창의적인 삶을 살아가고 있다고 할 수 있습니다. 그러므로 귀하의 자녀는 자신의 감정을 순수하게 표현하고, 오감에 민감한 자극을 즐겁게 받아들이고 순수한 상상의 나래를 펼 가능성이 높습니다. 귀하의 자녀는 성장해서도 창의적인 삶을 살 가능성이 높습니다. 아이의 발달 단계에 따른

다양한 자극과 경험을 제공한다면 귀하의 자녀는 창의적 잠재력이 더욱더 강해질 것입니다. 창의적인 가정에 꼭 필요한 것은 다양성을 인정하고, 즐거운 가정환경을 유지해야 하는 것이며, 아이의 타고난 자발성과 창조성을 억압하지 않는 것입니다. 주위 사람들에게 자칫 버릇없는 아이로 비춰지지 않도록 사회생활의 규칙을 가르친다면 가정에 창의적인 즐거움이 항상 가득할 것입니다.

▶ 11~15점 : 창의적 가정환경 창조와 질서의 딜레머

귀하의 가정은 창의성에 대한 관심을 가지고는 있지만, 창의성 계발과 질서, 규칙, 규범 사이에 갈등이 혼재해 있습니다. 창의적인 가정을 만들기 위해 가족이 조금 더 노력해야 합니다. 아이들이 자유롭게 놀 수 있는 공간과 아이의 자발적인 놀이에 관심을 보이고, 아이의 호기심 어린 엉뚱한 질문에도 성의껏 관심을 표현해주도록 노력하십시오. 가정의 분위기를 즐겁게 하기 위해 음악과 노래, 그리고 아이에게 다양한 자극을 주기 위한 견학과 여행도 필요합니다. 그러나 무엇보다도 부모님이 고정 관념의 틀을 깨고 아이처럼 순수해지도록 노력하십시오. 아이처럼 유치해지는 것도 좋고 아이의 눈높이에서 아이와 놀아주는 것도 좋습니다. 인지발달로 유명한 스위스의 심리학자 장 피아제는 이렇게 말했습니다. "만약 당신이 더욱 창조적으로 되려면 어느 정도는 어린아이처럼 되어야 한다. 어른 사회가 변형시키기 이전의 어린아이가 가지고 있는 창조력과 발명 능력을 가져야 하는 것이다." 창의적인 가정이 되도록 조금 더 노력한다면 창의적인 즐거움을 생활 속에서 만끽하실 수 있을 것입니다.

▶ 6~10점 : 평범한 가정환경 건강하게만 자라다오

귀하의 가정은 자녀의 창의성에 대한 관심이 많지 않은 것 같습니다. 부모님도 창의적으로 살려고 의식적인 노력을 기울이는 편은 아닌 것 같습니다. 창의성은 단지 타고나는 것이 아니며 선천적인 창의적 감각을 후천적인 자극과 창의적 환경 속에서 계발하고 체험해 나가는 것입니다. 만약 창의적 자극과 경험을 제공하지 않고 부모님이 창의적인 생활을 영위하려는 노력이 지금처럼 계속된다면 아이의 창의성은 더 이상 계발되지 않고 정체될 것이며, 시간이 지날수록 후퇴할 수도 있습니다. 부모님이 가정환경을 창의적으로 만들려고 좀 더 노력하십시오. 부부간에도 즐거운 이벤트를 만들고 서로 재미있는 이야기도 하고 아이와 함께 놀아주는 시간도 더 많이 갖도록 하십시오. 아이가 건강하게만 자라달라고 하는 것은 다소 무책임한 부모의 역할일 수도 있습니다. 아이가 초등학교에 들어가기 전까지의 경험은 심리학적인 측면과 대뇌 생리학적인 측면에서 매우 중요한 민감기입니다. 집안이 다소 어지럽혀지더라도 아이가 마음껏 뛰어놀고 표현하도록 격려해주십시오. 광고 기획자로 유명한 잭 포스터는 창의적인 사람이 되려면 "예전에 어떻게 했는지 따위는 싹 잊어버려라. 규칙을 깨뜨려라. 비논리적이 되라. 자유로워져라. 그리고 어린아이가 돼라."고 말했습니다. 부모님이 바뀌어야 창의적 환경도 만들어지고 그런 환경에서 자란 아이가 창의적인 아이가 될 가능성이 높습니다.

▶ 0~5점 : 창의적이지 않은 가정환경 귀찮게만 하지 말아다오

귀하의 가정은 창의성과는 거리가 먼 듯합니다. 창의성이라는 것은 우리와는 거리가 먼 나라 이야기라고 생각하고 있지는 않습니까? 창의성은 그렇게 어려운 이야기가 아닙니다. 우리의 삶이고 생활입니다. 토마스 에디슨은 이런 말을 했습니다. "세상에서 가장 위대한 발명은 바로 어린아이의 마음이다." 귀하의 가정은 어린아이의 표현과 호기심을 억압하고 있지는 않습니까? 아이가 집안을 어지럽히는 것 때문에 골치 아파하고, 아이가 그저 귀찮게만 하지 않으면 좋다고 생각하고 있지는 않습니까? 아이가 무엇에 관심을 가지고 있고, 아이에게 도움이 될 만한 것은 무엇이 있는지를 생각해보십시오. 그리고 가정이 즐겁고 화목할 수 있도록 부부와 가족 구성원 모두 노력하십시오. 창의성은 하늘에서 뚝 떨어지는 것이 아닙니다. 나는 그런 것하고는 거리가 멀다고 생각하지 마십시오. 창의성은 진화하는 것입니다. 다시 말해 창의성은 노력하면 더욱 더 강해질 수 있는 생명체입니다. 일단 가정의 분위기를 지나치게 엄격하게 가지려고 하지 마시고, 아이를 위한 시간과 노력을 더욱 더 많이 제공하려고 노력하십시오. 이 시기를 놓치면 아이들의 삶은 모범적이고 규칙적인 사람이 될 수는 있어도 순수하고 창조적이고 자발적인 아이로 성장할 가능성은 점점 더 멀어진다는 사실을 염두에 두십시오. 부모가 해결할 수 없다면 주변 사람들의 도움이나 자문을 구해보십시오.

2장

알수록 잘 크는 우리 아이들

본때를 보이려
하지 마라

집사람이 어느 날 둘째 아들에게 본때를 보이기 위해 큰아들을 야단친다. 그러나 둘째 아들은 오히려 눈치만 늘어나고 집안 분위기만 어색해진다. 본때란 남들에게 보일 만한 본보기를 말한다. 이런 본때를 통해 사람들은 세상의 질서를 배우고 그 질서를 따른다. 잘하면 상받고 잘못을 저지르면 벌을 받는다는 것을 배움으로써 사회 질서와 규범이 세워진다. 집사람은 그런 원리를 아이들에게 보여주려 했지만 오히려 분위기만 어색해졌다.

사람들이 타인에게 영향력을 행사하는 방법으로는 강압적인 힘, 보수, 강요, 전문성, 정보, 준거 세력, 합법적 권위, 기대 등 여러 가지가 있다. 사람들은 그런 방법으로 타인에게 영향력을 행사할 수 있다. 이렇게 타인에게 영향을 미칠 수 있는 힘을 '사회적 세력'(Social Power)이라고 한다. 부모가 아이에게, 선생님이 학생에게 미치는 힘도 사회적 세력의 일종이다.

그중에서도 학교 선생님들은 학생들의 행동을 통제하기 위해 강압적인 힘에 의존하는 경향이 높다. 그러나 많은 연구들은 그런 강압적인 힘이 타인들에게 영향을 주는 데 가장 비효율적이라는 사실을 밝혀냈다(코우닌, 1970). 가령, 교사들이 학생들을 통제하기 위해 체벌, 화내기, 소리 지르기와 같은 강압적인 방법을 썼을 경우 학생들의 행동을 변화시키지 못했을 뿐만 아니라 전체 학급 분위기도 부정적으로 만들었다.

이런 문제에 대해 심리학의 연구 결과들은 '예'가 아니라, '아니오'라고 답하고 있다. 공격 행동을 한 모델을 처벌함으로써 그것을 본 사람들의 공격 행동을 줄일 수 있다고 주장하는 일부 학자나 일반인들의 기대와는 달리, 실제 사회에서의 일반적인 자료들은 이런 이론을 뒷받침하지 못하고 있다.

사회심리학자 애론슨은 『사회적 동물』이란 책에서 사형제도의 존재와 사형의 집행이 살인사건을 감소시키지 못하므로, 사형제도를 폐지해야 한다는 주장을 펴고 있다. 이에 대한 논쟁은 끊임없이 계속되고 있지만 많은 학자들은 사형제도가 범죄를 감소시키지 못한다는 데 동의하고 있다. 오히려 사람들은 사형당하는 범죄자에 대한 소식을 접하면서 그들과 자신을 무의식적으로 동일시하는 경향이 있다. 지존파는 88년 10월 '유전무죄 무전유죄'를 외치며 인질극을 벌였던 지강헌을 평소에 존경했다고 한다. 마찬가지로 언젠가는 지존파의 김기환이나 김현양을 존경한다며 그들과 동일시하려는 또 다른 집단이 나타날지도 모르는 일이다.

공격적 모델의 처벌 효과를 검증하기 위해 실시된 실험은 공격적 모델의 처벌 효과에 대해 더욱 명확한 반증을 제시해준다.

공격 행동을 한 인물이 나중에 그 공격 행동에 대해 보상을 받거나 처벌을 받는 장면을 담은 테이프를 각각 다른 집단의 아이들에게 보여주었다. 그 후, 테이프에 나타난 것과 비슷한 상황에서 행동할 기회가 아이들에게 주어졌다. 그 결과 공격적인 인물이 처벌받는 영화를 본 아이들은 보상받는 영화를 본 아이들보다 공격 행동이 상당히 적게 나타났다. 또한 공격적 모델이 처벌받는 것을 본 아이들은 보상도 처벌도 받지 않는 영화를 본 통제집단의 아이들보다도 공격 행동이 더 적었다.

여기까지의 실험결과는 공격적 모델을 처벌하는 것이 공격 행동을 감소시키는 데 효과적이라고 결론지을 수 있다. 이 결과는 일부 학자들이나 일반인들의 기대를 충족시킬 만한 것이었다. 그러나 공격 행동을 한 모델이 처벌받는 것을 보게 된 아이들은 공격 모델에 전혀 노출되지 않은 아이들, 즉 아무런 영화도 보지 않은 아이들의 공격 행동수준 이하까지는 떨어지지 않았다. 이 사실은 공격 행동에 이미 노출되었다면, 공격자가 처벌받는 본때를 본다고 해서 공격 모델을 아예보지 않는 것보다 공격 행동이 줄어들지는 않는다는 사실을 보여주고 있다.

잘못한 학생이 교사로부터 심한 벌을 받을 때, 그것을 지켜보는 학생들은 오히려 공부를 더 안 하고 학교생활에도 흥미를 잃게 된다. 그리고 부정적이고 부적절한 행동이 학급 전체에 만연하게 된다. 마찬가지로 직장 동료가 상사로부터 야단을 맞거나 징계를 받으면 되레일은 더 안하고 직장생활에도 흥미를 잃는다. 그뿐 아니라 은근히 반발 심리가 퍼져 상사의 말을 잘 듣지 않고, 사소한 실수를 하거나 작업을 지연시키기도 한다. 이처럼 조직 구성원의 일부를 야단쳤을 때 다른 구성원들에게 미치는 부정적 영향을 '잔물결 효과(Ripple Effect)'라고 한다. 잔잔한 호수에 돌멩이를 던지면 그 물결이 사방으로 퍼져나가는 것처럼 한 사람을 야단치면 그 파급 효과가 한 집단 내로 퍼지는 현상이다.

잔물결 효과는 특히 벌을 받는 사람이 조직에서 중요한 역할을 하고 있을 경우, 상사의 명령이나 지시가 모호하고 분명하지 않을 경우에 더 크게 나타난다.

이런 현상에 따르면 처벌의 효과는 크지 않다는 사실을 알 수 있다. 처벌의 본때보다는, 한 사람을 희생양으로 삼기보다는 상사 스스로 조직 구성원들로부터 존경받을 만한 행동을 하고, 전문적인 지식을 통해 영향력을 행사하는 게 바람직한 리더십의 모습이다.

화를 내거나 야단치면 순간적으로 자신은 카타르시스를 경험하지만 그 파급 효과는 부메랑처럼 자신에게 되돌아온다는 사실을 염두에 두어야 할 것이다.

부모가
유치해져라

빌 게이츠는 『미래로 가는 길』(The road ahead)에서 아이들의 창의성에 대해 이렇게 말했다.

"아이들은 검은 선으로만 그려진 만화 속의 자동차에 크레파스로 색깔을 입히거나 계기판과 안테나를 그려 넣어 멋진 우주선을 만든다. 또 '빨간색 스포츠카는 파란색 승합차나 흰색 승용차보다 먼저 길을 건너갈 수 있다'는 등 자신만의 규칙을 수없이 만들어가며 자동차를 이동시킨다. 이처럼 장난감에 좀 더 많은 기능과 의미를 부여하려는 충동은 아이들을 창조적으로 놀게 하는 원동력이다. 그것은 창의력의 본질이기도 하다."

창의적인 사람들은 유치하다. 유치한 정도가 아니라 유치찬란하다. 고집도 세고, 삐치기도 잘 삐치고, 행동거지도 어른스럽지 못하다. 그러나 유치한 것은 창의성의 근원적인 힘이다.

'유치(幼稚)하다'는 말을 사전에서 찾아보면 '나이가 어리다', '언행이나 수준의 정도가 낮다'라고 나와 있다. 창의적인 사람들은 세상을 유치하게 보고 유치하게 행동한다. 게다가 세상을 보는 눈과 사고방식

도 아이처럼 단순하다. 에디슨이 달걀을 부화시키기 위해 달걀을 품
었던 것처럼 유치해지는 것이야말로 창의적인 삶의 출발이다.

그렇다면 유치해지려면 어떻게 해야 할까? 호기심을 억누르지 않아
야 한다.

"방귀에도 불이 붙을까?"

"풍선을 타고 하늘을 날 수 있을까?"

"사람들은 얼마나 먹으면 배가 터질까?"

"라디오 속에는 사람이 들어 있는 것일까?"

"전화에 선이 없어지면 어떻게 될까?"

"컴퓨터를 들고 다닐 수 있게 하면 어떨까?"

"최고의 엽기는 무엇일까?"

"내가 삼국지의 주인공이 되어 본다면?"

"우주인과 전투를 벌여볼까?"

"이 세상에 공룡이 다시 부활한다면?"

아이들의 호기심은 순수하다. 창피해하지도 않고 평가를 두려워하
지도 않는다. 그리고 다른 사람의 입장에서 생각하지도 않는다.

너무 황당하다. 그리고 현실적으로 가능한지 불가능한지도 따지지
않는다. 그러나 그런 소망들은 게임의 형태로, 실험의 형태로, 상품의
형태로 구현되고 있지 않은가?

판도라가 하늘로부터 가져온 상자 속에 무엇이 들어 있는가를 보지
않았다면 이 세상은 어떤 모습이었을까?

사랑하는 사람들 하는 행동을 보면 유치하기 그지없다.

사랑이 식은 커플들을 보면 유치한 구석이 없이 이성적이다.

나 잡아 봐라.

잔디밭을 뛰다가 나무를 잡고는 빙그르 돌면서 잡을 듯 말 듯.

사랑이든 창의성이든 유머이든 유치함이 기본 베이스다.

아이들의 생활을 창의적으로 만들려면 우선 부모와 아이를 둘러싼 환경을 창의적으로 만들어야 한다. 특히 아이들의 창의성 발달에 결정적인 시기인 2~3세 전후의 아이들에게는 부모와 창의적 환경의 역할이 중요하다. 그 무렵의 아이들에게 창의적인 부모의 역할과 환경이 제공되지 않는다면 아무리 창의성과 자발성을 타고난 아이일지라도 창의성이란 꽃을 피우지 못하고 시들고 말 것이다.

사이코드라마를 창시한 모레노는 사람들은 창의성과 자발성을 가지고 태어나는데 그것이 어떻게 표현되는지에 따라 창조적이고 자발적인 삶을 사느냐 그렇지 않느냐가 결정된다고 보았다. 누구나 가지고 태어나는 아이의 창의성과 자발성을 자연스럽게 표현하고 키우기 위해서는 부모도 아이 못지않게 창의적이 되어야 한다.

사람들의 유형은 다양하다.

『성공하는 사람들의 7가지 습관』을 쓴 스티븐 코비는 사람을 주도적인 사람과 대응적인 사람으로 구분했다. 자신의 삶을 주도적으로 창조하는 사람과 그저 변화와 조직의 요구에 대응하는 사람은 삶의 모습이 다르다는 것이다.

이탈리아의 경제학자 파레토는 '금리 배당자'와 '투기자'로 인간을 경제학적으로 구분했다. '금리 배당자'는 늘 하던 대로 하고 변화를 추구하지 않고 상상력으로 살지 않으며 '투기자'가 시키는 대로 사는 사람들이다. 이런 사람들은 창의적인 삶과는 거리가 멀다. 그에 비해 '투기자'는 늘 새로운 결합에 대해 생각하고 기존의 해결책에 만족하지 않고 새로운 해결책을 찾으려 하며, 상상력을 동원해서 문제를 해결하려고 한다. 이런 사람들은 창의적인 삶과 관련이 있다.

창의적인 부모가 되려면 어떻게 해야 할까?

첫째, 부모도 아이처럼 유치해져라.

창의적인 부모들은 유치하다. 유치한 정도가 아니라 유치찬란하다. 고집도 세고, 삐치기도 잘 삐치고, 행동거지도 어른스럽지 못하다. 그러나 유치한 것은 창의성의 근원적인 힘이다. 인지발달로 유명한 스위스의 심리학자 장 피아제는 창의적인 사람이 되려면 인지발달의 초기로 돌아가야 함을 주장한다.

"만약 당신이 더욱 창조적으로 되려면 어느 정도는 어린아이처럼 되어야 한다. 어른 사회가 변형시키기 이전의 어린아이가 갖고 있는 창조력과 발명 능력을 가져야 하는 것이다."

둘째, 어른의 눈으로 아이를 보지 마라.

토마스 에디슨은 이렇게 유치함을 강조한다.

"세상에서 가장 위대한 발명은 바로 어린아이의 마음이다."

파블로 피카소는 그림을 어른의 눈으로 논리적으로 보는 방식을 바꿔 어린이의 눈으로 보았고, 자기중심적으로 보는 아프리카 원시인들의 아이 같은 그림을 통해 새로운 그림의 지평을 열었다.

셋째, 아이들에게 관심을 보여주어라.

관심이 아이들의 능력을 변화시키는 현상을 심리학에서는 피그말리온 효과라고 한다. 아이들에게 다양한 경험과 자극을 주고 아이들과 함께 놀아주고, 아이들의 작품에, 그리고 그들의 설명에 귀 기울여

라. 그리고 함께 즐거워하라.

"요즘 뉴욕과 서울에서 열리고 있는 전시회에 대한 느낌은 마치 초등학교 시절 1등 성적표를 갖고 집에 가면 어머니가 칭찬과 함께 눈깔사탕을 주시곤 했다. 딱 그 기분이다(백남준, 테크노 아티스트)."

"'넌 뭐든지 할 수 있다.'고 격려하면서 뭔가를 이루어내면 매우 좋아하시던 아버지. 어떤 조그만 일이라도 해내면 기뻐하실 아버지의 모습이 떠올라 열심히 공부했지요(이혜원, 미국 제퍼슨 의대 교수)."

부모인 나부터 창의적이 되어야 아이의 환경도 창의적으로 바뀌고 그런 부모와 환경 속에서 자란 아이라야 창의적인 아이로 성장할 가능성이 높아질 것이다.

엄마들의
치맛바람은 무죄

'이번에 방과 후 영어 수업 업체가 바뀌었대.'

'우리 아들 과학실험 보내는데 참 괜찮더라.'

'어머 규연이 머리는 어디서 하는데.'

'이번 방학에 외국 여행 가는데.'

가장 작게 짧게 지나가는 유행을 'fad'라고 한다. 그보다 조금 긴 유행을 'fashion'이라 하고, 조금 더 긴 유행을 'trend'라고 한다.

엄마들의 수다 자리에 몇 번 함께 한 적이 있다.

아이들의 공부 방법, 학원, 옷차림, 먹는 것 할 것 없이 다양한 화제가 등장하고 얼마 지나지 않아 그 날 나누었던 얘기들이 우리 동네를 지배한다. 어느 공부방에 애들이 몰리고 어느 학습지가 유행하고 어떤 날은 아이들의 신발이 비슷비슷하다.

가만히 생각해보면 유행이란 참 이상하다. 특이한 머리 모양을 하거나 특별한 넥타이를 매거나 독특하게 스커트를 입거나 하는 것은 모두 자신을 돋보이게 하기 위함이 아닌가? 하지만 그것이 일단 '유행'이 되는 순간 자기만의 개성은 모두 사라지고 만다. 그런데도 사람들은 '유행에 뒤처졌다'는 말을 듣기 싫어하면서 열심히 다른 사람의 센스나 스타일에 '동조'하려고 안간힘이다. 왜 그럴까?

사람은 혼자 있을 때와 다른 사람과 함께 있을 때의 행동이 다르다. 사회란 하나의 커다란 장(field)이고, 사람들은 그 속에서 서로 영향을 주고받으며 사는 사회적 동물이기 때문이다. 전기의 자기장 속에 쇳조각 하나를 집어넣으면 이는 단순히 쇳조각 하나를 더한 것에 그치지 않고 전체적인 역학 구조를 바꾸게 한다.

정신현상이나 사회현상도 마찬가지다. 전체가 하나의 커다란 장을 형성하고 있기 때문에 조그만 변화일지라도 행동이나 정신에 영향을 미치는 것이다. 빈 강의실에서 친구들과 이야기를 나누고 있는데 낯선 사람이 들어왔다고 하자. 모든 신경이 그쪽으로 쏠리고 하던 얘기도 잠시 중단할 것이다. 그리고 그 사람이 별로 위협적이지 않거나 다음 수업 시간을 준비하러 온 학생이라는 판단이 되고 난 뒤에야 그들은 하던 이야기를 이어서 할 것이다.

이처럼 타인의 존재나 행동이 개인의 행동에 미치는 효과를 포괄적으로 '사회적 영향(social impact)'이라고 한다.

하지만 이러한 동조는 단순히 유행 수준을 넘어 미국과 같은 배심원제에 의한 재판에서는 문제가 될 수 있다. 속없는 배심원이 다른 배심원들의 결정에 무의식적으로 동조한다면 재판이 왜곡될 수도 있다. 우리나라의 경우에도 대법원 판결 과정에서 다른 대법관의 판단에 동조하는 현상이 빚어질 가능성을 무시할 수 없다.

쓸데없이 시류에 휩쓸리거나 남의 눈치만 보는 사람이 아니라, 뚜렷한 주관과 고집을 가진 사람이 아쉬운 현실에서, 이러한 동조실험이 시사해 주는 바는 결코 작지 않다.

유행을 무시할 수는 없지만 우리 아이에게 맞는 개성과 색깔을 찾아주어야 한다. 그것이 바로 창의성 시대, 4차 산업혁명 시대에 필요한 유행이다. 그러기 위해서는 아이들에게 소신껏 말할 있는 용기를 심어주어야 한다.

오래전 드라마 〈대장금〉에서 장금이 어린 시절 대사가 생각난다.

"제 입에서는… 고기를 씹을 때… 홍시 맛이 났는데… 어찌 홍시라 생각했느냐고 물으시면…"

장금: 홍시입니다.

정상궁: 어찌 홍시라 생각하느냐?

장금: 예? 저는… (기 죽어가며)제 입에서는… 고기를 씹을 때…

홍시 맛이 났는데… (중얼중얼) 어찌 홍시라 생각했느냐 하시면. 그냥… 홍시 맛이 나서 홍시라 생각한 것이온데.

정상궁: (크게 웃으며)호오! 타고난 미각은 따로 있었구나!

그렇지! 홍시가 들어있어 홍시 맛이 난 걸 생각으로 알아내라 한 내가 어리석었다!

좁은 공간은
속도 좁게 한다

한동안은 큰아들과 둘째 아들이 큰 방 서재를 차지했다.

막내딸이 태어나고 한밤중에 잠버릇이 과격한 아이들을 위해 아이들 방의 이층 침대가 위험해서 서재에서 나와 함께 자곤 했다.

그런데 몇 달 전. 두 아들들이 독립을 선언하며 원래 자기 방 침대로 잠자리를 옮긴다고 선언했다. 1층은 형이, 2층은 동생이 차지하고 각각 공부 책상과 의자를 마련하고 자기 침대에 아지트처럼 인형을 갖다 놓고 꾸미며 자기들만의 세상을 꾸몄다.

그렇게 며칠이 잘 지나가면서 일이 터지기 시작했다.

형제간의 갈등인 카인 콤플렉스가 발동한 것인지, 작은 공간 속의 영토 전쟁이 벌어진 것인지 두 아들 간에 서로 치고받고 싸우는 일이 자주 일어난다.

"왜 그래?"

"여기는 내 자리인데 자꾸 동생이 침범하니까 기분 나쁘잖아요?"

"그냥 같이 놀면 되지 뭘 그런 걸 가지고 그러니?"

그러나 아이들에게는 '그냥'이 아니라 이스라엘과 시리아, 쿠르드와 이슬람 내전 못지않은 중요한 영토 분쟁이다.

오지에 떨어져 생활하는 사람들은 좁은 공간에서도 불편 없이 생활할 수 있도록 훈련을 받는다. 아니 불편하더라도 그에 잘 적응할 수 있도록 훈련을 받는 것이다. 우리나라도 남극 킹조지 섬에 세종기지를 세워놓고 거기에 파견되는 대원들을 대상으로 적응 훈련을 실시한다. 특수한 공간에서 다른 사람과 원만하게 생활하기 위한 특수한 적응 훈련을 받는 것이다. 그렇지 않으면 앞서 남극에 파견되었던 연구원이나 군인과 같은 고립 효과를 경험할 수 있기 때문에 미리 적응을 시키는 것이다.

이런 현상은 비단 남극에 파견된 연구원과 군인들에게만 국한된 문제가 아니다. 잠수함을 타고 오랜 시간을 해저에서 생활하는 사람들, 우주 공간에서 우주인으로 생활하는 사람들, 좁은 하숙방을 같이 쓰는 사람들처럼 좁은 공간을 다른 사람과 함께 사용하는 사람들은 이런 경험을 할 가능성이 높다. 이처럼 좁은 공간에서 오랜 기간 동안 함께 생활할 때 심리와 행동이 격해지는 현상을 '고립 효과(Isolated Effect)'라고 한다. 특히 이런 현상들이 남극에 파견된 연구원들과 군인들에게서 발견된 뒤 연구되었기 때문에 '남극형 증후군(Antarcticitis Syndrome)'이라고도 한다.

사람도 다른 동물들처럼 자기의 공간을 방어하기 위해 노력하고 그런 공간을 침범당하면 몹시 불쾌하게 생각한다. 사람들은 나름대로의 생활을 유지하기 위해 자기 주위의 물리적 공간을 마치 자신의 일부인 것처럼 취급한다. 그런 영역을 '개인 공간'(Personal Space)이라고 한다.

개인 공간은 자신의 신체에서 다른 사람들의 신체에 이르는 물리적 공간이다. 그에 비해 영토는 심리적, 기능적 공간이다. 영토란 특수한 사람이나 집단이 자기의 공간이라고 주장하고 통제하는 장소나 지역을 말한다. 사람도 동물처럼 타인의 침입으로부터 자신의 영토를 보호하려는 영토 보존 행동을 한다. 특히 남자들은 더 넓은 공간을 원하기 때문에 여자들에 비해 더 많은 고립 효과가 발생한다.

이처럼 사람들은 고립되면 자기만의 영역을 구축해 자신의 삶을 방해받지 않으려는 심리를 가지고 있다. 물론 어떤 사람들은 집단을 효율적으로 만들기 위해 서로의 영역을 구분하기도 하지만, 대부분의 사람들은 다른 사람들과의 접촉을 막기 위한 방패 물로서 영역을 사용한다. 그런 과정 속에 고립 효과는 점차 증가하고 서로 간에 짜증과 다툼이 발생한다. 좁은 공간에서는 남자들끼리 더 심하게 다투고 심리적으로도 더 불편하기 때문에 큰아들과 둘째 아들의 공간을 나누었다. 1층 침대와 2층 침대로 나눠서 자게 하고, 책상도 각자 한 개씩 따로 마련했다.

장난감도 따로 놓고 가방도 따로 놓게 했다.

그랬더니 서로 다투는 일이 줄어들었다.

여기서 여기까지는 내 땅이고, 내 본부고, 아지트라는 개념이 생기면서 각자의 영역을 관리하기 시작했다.

좌절은
아름답다

좌절을 딛고 일어난 것은 어린 시절부터 다져진 야성이 있었기 때문이다.

국내 최초의 메이저리그 투수가 된 박찬호. 5년 연속 두 자리 승수를 챙기며 천문학적인 계약금과 연봉을 받는 선수이지만, 데뷔 시절 그에게도 혹독한 시련이 있었다. 화려한 스포트라이트를 받으며 데뷔한 메이저리그에서 그는 일주일 만에 마이너리그로 떨어지는 아픔을 겪었던 것이다. 찬란한 꿈을 접고 햄버거를 먹으며 열악한 환경에서 혼자 기나긴 마이너리그 생활을 겪어낸 그의 힘은 바로 좌절을 극복할 수 있는 동기부여 능력이 있었기 때문이다. 성공한 수많은 창조자, 예술가, 사업가들에게 좌절은 성공의 강력한 에너지원이 되어주었다.

금지옥엽처럼 소중한 아이.

맞벌이 때문에 신경도 제대로 써주지 못해 미안하고, 엄마 없이 커야 하는 아이를 볼 때마다 가슴이 메어질 수밖에.

모처럼 만나면 아이는 언제나 응석받이가 되고, 아이가 원하는 것이면 무엇이든지 다 사주고 들어주어야 그나마 미안함이 줄어드는 것 같다. 그렇게 한 해 두 해가 가니 아이는 자기가 가지고 싶은 것을 갖지 못하면 백화점 바닥에 누워 울부짖는다. 그러면 마지못해 아이의 요구를 들어줄 수밖에 없다.

그러나 이렇게 아이를 키우는 것은 좋지 않다. 굳이 맞벌이를 하는 어머니가 아니더라도 아이들이 원하는 것을 모두 다 수용하고, 아이의 뜻대로만 하는 것은 아이들을 의존적으로 만들 수 있다. 때로 아이들에게는 금지와 좌절을 경험하는 것이 도움이 된다. 사람들은 게임에 지거나 좌절을 하면 더 분발하려는 심리를 가지고 있는 것처럼 아이들도 그런 심리를 가지고 있다.

그렇다면 좌절 효과는 어떻게 결정되는가?

그러나 우리는 여기서 한 가지 염두에 두어야 할 것이 있다. 감당하기 힘들 정도의 커다란 좌절은 성공을 향한 힘이 되지 못하고, 때로 극도의 무력감과 우울에 빠질 수도 있다는 점이다. 그러므로 아이들에게 성취 욕구를 고취시키려고 지나치게 심한 좌절을 주는 것은 아이들이 원하는 것을 전부 들어주는 것처럼 좋지 않다.

우리나라에서 육아와 관련된 사업이 실패할 가능성은 다른 어떤 사업보다도 낮다고 한다. 그만큼 육아와 관련해서는 부모들이 아낌없이 지출한다는 것이다. 요즘 부쩍 더 어린이 손님을 위한 마케팅 전략이 수립되고 어린이 귀족이 새로운 소비의 주체로 떠오르고 있다. 그러나 아이들이 원하는 것을 모두 사주고 아이들을 사치품으로 떠받들어주는 것은 좋은 현상은 아니다.

조선 중종 때 성리학자인 이언적은 자녀를 사치로 떠받드는 부모들에게 일찍이 이런 말을 남겼다.

"사치로 자녀를 떠받드는 것은 그 자녀를 사랑하기 때문이지만, 그 사랑이 마침내 자녀를 해롭게 하는 원천이 된다."

그리고 철학자 루소는 아이들에게 좌절의 중요성을 이렇게 역설했다.

"어린이를 불행하게 하는 가장 확실한 방법은, 언제든지 무엇이라도 손에 넣을 수 있게 내버려 두는 것이다."

아이들에게 세상에는 너의 뜻대로 되지 않는 것이 있다는 것을 일깨워주는 좌절 경험은 아이들의 창의성에도 영향을 미친다. 좌절 경험은 아이들의 동기부여 능력의 발달에 중요한 영향을 미치고, 그런 동기부여 능력은 창의성과 EQ에서 중요한 내적 동기부여 능력의 발달에 영향을 미친다.

아이들에게 자기 스스로 계획을 세우고, 실천하도록 하며 작은 성공이라도 자주 경험하도록 해준다면 아이들의 자기 효능감이 커지고, 아이들이 낙천적으로 자랄 가능성이 더 높아진다. 그런 낙천주의야말로 창의성이 성장할 수 있는 토양이 되어줄 것이다.

수영 선수 비욘디, 고등학교밖에 나오지 않았어도 영국의 총리가 된 존 메이어 총리, 늙은 아버지와 젊은 어머니 사이에 태어나 불우한 환경 속에서 자랐으면서도 학문적으로 일가를 이룬 공자와 프로이트, 1996년 애틀랜타 올림픽 마라톤에서 남아프리카 공화국의 투과니에게 져 2등을 했지만 후쿠오카 마라톤에서 그 선수를 물리치고 1등을 한 마라톤 세계 랭킹 1위 이봉주, 민주화 운동을 하다가 감옥에 갇혀서도 우유곽을 뜯어 만든 종이에 못으로 꾹꾹 눌러 시를 쓴 시인 김남주, 그리고 옥중에서 '돈키호테'를 남긴 세르반테스 등등. 이들은 모두 자신의 가난과 좌절을 성공으로 연결시킬 줄 알았던 사람들이다.

아이들에게 자기 스스로 계획을 세우고 실천하도록 하며 작은 성공이라도 자주 경험하도록 해준다면 아이들의 자기 효능감이 커지고, 아이들이 낙천적으로 자랄 가능성이 더 높아진다. 그런 낙천주의야말로 창의성이 성장할 수 있는 토양이 되어줄 것이다.

관심은
아이의 능력도 바꾼다

피그말리온(Pygmalion)은 원래 그리스 신화에 나오는 키프로스의 왕으로 아프로디테(Aphrodite) 여신상을 사랑했다고 한다. 이 이야기를 로마의 시인 오비디우스(Pubius Ovidius Naso)가 『변형담』에서 좀더 세련되게 만들었다. 피그말리온이라는 조각가는 여자들의 결점을 너무 많이 보았기 때문에 여성을 혐오하게 되어, 한평생을 혼자 지내기로 결심했다. 그래서 스스로 아름다운 여인을 상아로 조각했는데, 겉모양이 마치 살아 있는 처녀의 모습인 양 자연스러웠다. 그는 그 조각을 어루만지고 보듬으면서 사랑했다. 조각으로 된 여인에게 갖가지 꽃과 구슬, 새들을 선물하기도 했다. 조각에다 옷을 입히고 손가락에는 보석을 끼우고 목에는 목걸이를 걸어주었다. 그녀를 튀로스 지방에서 난 염료로 물들인 천을 깐 소파 위에 누이고 자신의 아내라고 하며 상아로 조각된 처녀에게 온갖 정성을 다 바쳤다. 아프로디테의 제전에서 자신의 일을 마친 다음, 피그말리온은 신들에게 상아처녀와 같은 여인을 아내로 점지해 달라고 기원했다. 아프로디테는 그의 조각에 대한 사랑에 감복해 마침내 소원을 들어주었다. 집에 돌아온 피그말리온이 살아 있는 듯한 조각의 입술에 입을 맞추자, 처녀의 입은 살포시 붉어지고 생기가 돌았다. 이후 그들은 파포스라는 자식을 낳고 행복하게 살았다.

이 얘기는 그리스 신화에 나오는 하나의 이야기지만 정성을 들이면 불가능하게 보이는 일도 가능해질 수 있다는 가르침을 준다. 심리학자인 로젠탈(T. L. Rosenthal)은 아이들을 대상으로 다음과 같은 실험을 했다.

초등학교 교사들에게 이 실험은 어린이 지능 향상을 예측하기 위한 테스트라고 거짓 설명을 하고 지능검사를 실시했다. 그리고나서 20%의 아이들을 무작위로 뽑아 '이 애들은 앞으로 지적 발달이나 학업성적이 높아질 것'이라고 선생님에게 검사결과를 알려주었다. 그리고 8개월이 지난 후에 과거에 했던 것과 유사한 지능검사를 실시했다. 그 결과 앞으로 잘할 것이라고 선생님에게 기대를 심어주었던 아이들의 지능은 그렇지 않은 아이들보다 현저하게 향상되었다.

이러한 현상을 심리학에서는 피그말리온의 이름을 따서 피그말리온 효과(Pygmalion effect)라고 한다. 피그말리온 효과는 선생님이 20%의 아이들을 지적 발달과 학업성적이 향상되리라는 기대를 가지고 정성껏 돌보고 사랑한 결과 나타난 것이다. 그러한 사랑을 받은 아이들은 선생님이 자신에게 관심을 보여주니까 공부하는 태도도 변하고 공부에 대한 관심도 높아져 결국 능력까지 변하게 된 것이다.

집안에 아로마 향을 풍겨라

집안에 들어섰을 때 아내가 끓이는 구수한 보리차 냄새.

빵집의 빵 굽는 냄새.

거실 가득 풍기는 커피향 등은 모두 사람의 마음을 진정시켜준다.

사람의 마음이 진정된다는 것은 뇌파가 각성 상태인 베타파에서 안정 상태인 알파파로 변한다는 의미다. 1996년에 우리나라에 소개된 하루야마 시게오의 『뇌내 혁명』이라는 책이 있다. 엔도르핀은 모르핀(아편 추출물)의 100배에 해당하는 진통 효과를 내는 호르몬이다. 스트레스를 받거나 통증을 느낄 때 분비돼 통증을 조절한다. 결심을 실천하다 보면 에너지도 떨어지고 힘도 들고 좌절에도 빠진다. 그때 넘어지지 말고 포기하지 말고 견뎌내라고 할 때 등장하는 고마운 조력자가 바로 엔도르핀이다. 힘들고 어려우면 몸이 견디기 힘들면 뇌 속에서는 베타 엔도르핀이 분비되면서 사람들이 겪는 고통을 감해준다. 마라토너들이 극심한 고통을 이겨내면서 끝까지 완주할 수 있는 힘은 바로 엔도르핀, 특히 베타 엔도르핀이 분비되기 때문이다.

큰아들, 둘째 아들의 에너지는 강력하다.

어느 때는 에너지가 차고 넘쳐 저 에너지를 어떻게 해야 하나 걱정할 때도 있다. 그런던 중에 아로마 치료에 관한 강의를 들은 적이 있다. 아로마가 심리적 안정에 도움이 된다는 말은 들어봤어도 치료 효과까지 있다는 사실을 체험하고 나서는 나는 아로마의 매력에 빠졌다.

화학적원리를 이용해 확대 관에 향수와 같은 액체를 담아서 향기를 퍼지게 하는 디퓨저(Diffuser)를 사서 거실에 틀어놓고 아이들이 자는 침실에도 틀어놓는다. 요즘에는 아빠나 엄마가 틀어주지 않으면 큰아들 규민이가 라벤더나 페퍼민트 오일을 틀어놓고 잔다.

아로마(aroma) 사람에게 이로운 식물의 향기 또는 이를 사용하기 편리하도록 정유(精油) 상태로 가공한 방향(芳香) 물질을 의미한다. '향기' 또는 '방향(芳香)'을 뜻한다. 두산백과에는 약용이나 향료로 사용하는 허브(herb)가 가공되지 않은 상태의 식물을 가리킨다면, 아로마는 허브를 채취하여 사용하기 편리하도록 가공한 상태라고 정리되어 있다. 곧 아로마는 특별한 효능이 있는 식물의 꽃이나 잎, 줄기, 열매, 뿌리 등에서 추출한 정유(精油, 에센셜 오일) 형태로 이용하는 것이다. 아로마를 이용한 향기치료 또는 향기 요법을 아로마 치료(aroma therapy)라고 하는데, 고대로부터 전해온 자연요법으로 알려져 있으며, 오늘날에는 대체의학으로 부각되고 있다. 오늘날에는 의료뿐 아니라 여성의 미용을 위한 화장품이나 방향제, 식품, 제약 등 다양한 분야에 이용되고 있다.

코를 통한 후각 자극은 청각이나 시각 등이 대뇌 측두엽을 거쳐 대뇌변연계까지 전달되는 것과 달리, 곧바로 대뇌변연계로 연결되는 감각이다. 가장 직접적이고 원시적인 감각이라 할 수 있다. 후각은 다른 감각들이 교차하면서 정보를 전달하는 것과 달리 콧속에 있는 고속핵

회로를 통해 왼쪽 코의 냄새는 좌뇌로, 오른쪽 코의 냄새는 우뇌로 바로 전달된다.

우리 뇌의 중뇌에 위치한 대뇌변연계는 감정을 전달하는 편도와 기억을 관장하는 해마, 그리고 호르몬 조절을 담당하는 시상하부 등을 포함하고 있다. 냄새나 향기는 사람의 가장 기본적인 감성과 함께 식욕·성욕·수면욕으로 대변되는 본능뿐 아니라 기억까지 하나로 연결돼 움직이게 하는 힘을 갖고 있다. 동일한 냄새를 맡더라도 서로 다른 감정을 갖게 되는 것은 바로 개개인이 겪었던 경험이 다르기 때문이다.

향(香)의 역사는 우리네 삶 속에 있다. 을지대 신규옥 교수에 따르면 인류의 가장 오랜 문명인 메소포타미아 문명에서도 하늘에 제사를 올릴 때 훈향(燻香)이나 방향 식물 연고 등을 사용한 의술과 주술이 행해졌다는 기록이 남아 있고, 이집트에서 영생불사를 기원하며 만들던 미라의 방부제로도 방향 식물이 사용됐다. '세기의 미인' 클레오파트라는 장미수 목욕을 애용했고, '의학의 아버지' 히포크라테스는 방향 식물을 이용한 목욕, 훈증, 마사지를 권장했다. 성경에서 동방박사가 아기 예수 탄생을 축복하며 바친 황금·몰약·유향의 세 가지 보물이 있는데, 이 중 몰약과 유향은 현재도 사용되는 미르와 프랑킨센스라는 에센셜오일이다. 당시에는 황금과 견줄 만큼 귀하고 값비싼 것이었다고 한다.

향기 식물의 꽃, 잎, 줄기, 뿌리 등에서 추출한 천연의 에센셜오일을 인체의 호흡기나 피부에 흡수시켜 몸, 마음, 정신을 치유하는 것이 아로마테라피다. 아로마테라피는 심신의 균형감을 찾아주는 중요한 힘

링요법이다. 같은 라벤더오일을 사용하더라도 때로는 진정 작용으로 잠이 들게 하기도 우울할 때는 기운이 나게 하기도 한다.

우리 아이가 불안하고 우울하다면 오렌지 오일을,

감기에 무기력하다면 타임 오일을,

스트레스를 많이 받는다면 프랑킨센스(향유) 오일을,

멀미를 한다면 진저 오일을,

우울할 때, 산만할 때 화상, 습진, 아이들이 스마트폰에 빠졌다면 라벤더 오일을,

두통, 구강, 호흡, 미세먼지에는 페퍼민트 오일을,

진정, 해독에 로만케모마일 오일을 사용해 보라.

이렇듯 아로마테라피의 활용법은 매우 다양하다. 감기 등으로 고생한다면 하루 세 차례 정도의 증기 흡입법을 권한다. 대야에 끓인 물을 담아 에센셜 오일을 세 방울 정도 떨어뜨린 후 증기가 날아가지 않도록 수건을 쓰고 깊게 세 번 정도 흡입하면 된다. 또한 아로마 램프를 활용한 확산법은 램프에 약간의 물과 에센셜오일을 떨어뜨리고 초로 데워 공기 중으로 확산된 향을 맡는 방법이다. 아로마를 이용한 목욕도 유용한데, 에센셜 오일이 물에 잘 녹지 않기 때문에 먼저 우유나 보드카 등에 4~6방울을 떨어뜨린 후 목욕물에 섞어 사용하는 것이 좋다. 아로마 마사지는 피부관리 숍이나 스파 등에서 가장 많이 이루어지는 방법으로, 캐리어오일과 혼합해 얼굴은 1% 이하, 전신에는 1~2% 농도로 마사지하는 것이 일반적이다.

에센셜 오일을 피부에 전달해준다고 해서 이름 붙여진 캐리어오일은 열을 가하지 않고 압착한 식물성 오일로, 그 자체만으로도 효능과

영양분이 있다. 호호바오일은 인체의 천연 보호막인 피지와 가장 유사한 성분으로 아기들에게 사용해도 안전하다. 아토피 피부에 좋다고 각광받고 있는 이브닝 프라임로즈 오일은 상처 치유와 항균 등에 효과적이다. 이러한 캐리어오일에 에센셜오일을 섞어서 적용하는 것을 블렌딩이라 하는데, 일반적으로 향의 분자량과 증발 속도가 서로 다른 두세 가지의 에센셜오일을 섞으면 향과 효능에 더욱 큰 시너지 효과가 나타난다.

아로마테라피는 도움이 되는 만큼 유의해야 할 점도 많다. 에센셜오일은 향기 식물을 그대로 사용하는 게 아니라 수십 배 농축시킨 것이기 때문에 피부 자극을 일으킬 수 있다. 따라서 민감성 피부의 경우 팔의 안쪽에 발라 패치테스트를 거친 후 문제가 없을 때 사용하는 것이 바람직하다. 그렇다면 아로마, 에센셜 오일은 어떤 걸을 써야 할지 모르겠다면, 전문가인 을지대 신규옥 교수의 말이 심플하다.

"아이가 제일 좋아하는 향을 권해주세요."

부모 양육 태도 검사

다음은 부모의 양육 태도를 알아보기 위한 질문지입니다. 부모와 아이가 함께 경험할 수 있는 상황이 12개의 질문으로 제시되어 있습니다. 귀하라면 네 가지 선택 항목 중에서 무엇을 선택하시겠습니까? 질물이 귀하와 자녀의 연력에 적합하지 않다면, '만약에 그런 상황에 놓여 있다면…' 하고 생각하시면서 응답해주십시오. 옳고 그른 정답은 없으므로 솔직하게 응답해주시는 것이 중요합니다.

1. 당신이 아주 중요한 일을 하고 있는데 아이가 평소와는 다른 행동을 보인다. 위험하지는 않지만 왠지 불안해 보인다. 당신은 어떻게 할 것인가?
   ⓐ 우선 일이 중요하므로 일을 계속한다.
   ⓑ 일을 멈추고 아이의 행동을 관찰한다.
   ⓒ 일을 멈추고 주의를 준다.
   ⓓ 일을 계속하면서 틈틈이 아이의 행동을 지켜본다.

2. 당신은 아이에게 당신이 원하는 것을 명확하고 자세하게 알려주었다. 그러나 아이는 은근히 당신을 무시하는 것 같다. 당신은 어떻게 할 것인가?
   ⓐ 우선 아이가 왜 그런지 생각해 보고 그렇게 하지 말라고 얘기한다.
   ⓑ 아이의 행동을 곧바로 지적하고 그렇게 하지 말라고 야단을 친다.
   ⓒ 아이의 행동이 어떻든지 관심이 없다.
   ⓓ 아이니까 그럴 수 있다고 생각하며 모른 척한다.

3. 이웃 사람이 아이의 행동이 잘못되었다고 지적을 했다. 그러나 그렇게 심각한 문제는 아닌 것 같다. 당신은 어떻게 할 것인가?
   ⓐ 자기 자식이나 잘 키우라고 오히려 화를 낸다.
   ⓑ 아이의 행동이 왜 그런지를 살펴보고 문제가 된다면 고치려고 시도한다.
   ⓒ 겉으로는 알았다고 하면서 아이가 하고 싶은 대로 놓아둔다.
   ⓓ 당장 아이에게 주의를 주어서라도 잘못된 행동을 고치도록 한다.

4. 아이에게 숟가락질을 가르치고 있다. 그렇지만 다른 아이들에 비해 배우는 속도
도 느리고 제대로 집중하지도 못하는 것 같다. 당신은 어떻게 하겠는가?
　　ⓐ 밥을 혼자서도 잘 먹으려면 숟가락을 잘 잡아야 한다고 설명하며 격려해 준
　　　다.
　　ⓑ 때가 되면 할 수 있을 것이라고 생각하며 아예 숟가락질을 가르치지 않는다.
　　ⓒ 수저 잡는 법을 몇 번 알려주고 잘못하면 밥을 먹지 못하게 한다.
　　ⓓ 그럴 수도 있다고 생각하며 그냥 웃어 넘긴다.

5. 아이는 그동안 잘 성장해왔다. 그런데 요즘 들어 말을 잘 듣지 않는다. 아무래도
어떤 문제가 있는 것 같다. 당신은 어떻게 하겠는가?
　　ⓐ 말을 듣지 않으면 따끔하게 혼내 준다.
　　ⓑ 클 때는 다 그런 것이라고 생각하며 더욱더 애정을 쏟는다.
　　ⓒ 말을 듣지 않은 아이를 보면 꼴도 보기 싫어 밖으로 나가 버린다.
　　ⓓ 말을 잘 듣지 않으면 야단을 치지만, 아이 문제를 주변 사람들과 상의해본다.

6. 아이가 혼자서 배변을 가리기 시작했다. 그런데 어느 날 이불에 지도를 그렸다.
당신은 어떻게 할 것인가?
　　ⓐ 그럴 수도 있다고 생각하고 무시한다.
　　ⓑ 야단을 치지 않고 아이에게 더욱더 많은 관심과 애정을 표현한다.
　　ⓒ 그래서는 안 되는 이유를 얘기해주고, 아이에게 무슨 불안한 일이 있는지 살
　　　펴본다.
　　ⓓ 따끔하게 혼내 주고 그래서는 안 된다고 얘기해 준다.

7. 옆집의 또래 아이와 잘 지내다가 요즘 들어 별것도 아닌 것을 가지고 자주 싸운
다. 당신은 어떻게 할 것인가?
　　ⓐ 친구와 싸우는 것은 나쁘다고 야단치고 그래서는 안 되는 이유를 설명해준
　　　다.
　　ⓑ 옆집 아이들과 아예 만나지 못하게 한다.
　　ⓒ 우리 아이 편을 들어주고, 이왕 싸울 바에는 맞지 말고 때리고 오라고 독려한
　　　다.
　　ⓓ 잘못된 점을 야단치고 다시는 그러지 말라고 벌을 준다.

8. 바쁜데도 아이가 같이 놀자고 투정을 하며 보챈다. 당신은 어떻게 할 것인가?

　　ⓐ 아이가 괜찮을 때까지 하던 일을 멈추고 아이와 함께 놀아 준다.

　　ⓑ 투정부리는 것은 나쁘다고 따끔하게 혼내준다.

　　ⓒ 투정을 모른 척하고 바쁜 일을 마저 끝낸다.

　　ⓓ 하던 일을 끝내면 재미있게 놀자고 얘기하고 우선 아이가 좋아하는 것을 준다.

9. 옆집 아이가 미술 학원에 가는 것을 보고 자기도 학원에 가겠다고 떼를 쓴다. 그
　런데 당신의 아이는 나이가 너무 어려 학원에 보내기는 무리인 것 같다. 당신은
　어떻게 하겠는가?

　　ⓐ 일단 미술 학원에 보낸다. 그리고 잘하라고 격려해준다.

　　ⓑ 지금은 너무 어려서 안 된다고 얘기하고 그림 도구를 사줘서 그림을 그리도
　　　록 한다.

　　ⓒ 말도 안 되는 얘기라며 무시한다.

　　ⓓ 너무 어려서 안 된다고 얘기해주고 자꾸 떼를 쓰면 야단을 친다.

10. 아이가 다니고 있는 육아 시설에서 아이의 능력이 뛰어나니 연령보다 높은 상
　　급반에 들어가라고 권유한다. 당신은 어떻게 하겠는가?

　　ⓐ 아이를 상급반에 올려놓고 과외 공부를 좀더 시킨다.

　　ⓑ 육아 시설에 아이를 보내는 것만으로도 만족하기 때문에 상급반에 올릴 필요
　　　는 없다.

　　ⓒ 그냥 또래 아이들과 같이 생활하도록 하고, 꼭 필요한 부분은 과외 공부를 시
　　　킨다.

　　ⓓ 아이에게 상급반에 올라가면 어떨지를 물어보고 스스로 결정하도록 한다.

11. 아이가 또래 아이들과 잘 지내는 편인데, 한 아이에게만 거부적인 태도를 보인다. 그
　　아이가 특별히 잘못하는 것도 아니다. 이럴 경우 당신은 어떻게 할 것인가?

　　ⓐ 당신이 그 아이를 보고 괜찮다면 그 아이와도 친하게 지내라고 얘기해준다.

　　ⓑ 좋아하고 싫어하는 사람이 있을 수 있으므로 아이의 태도를 이해한다.

　　ⓒ 아이에게 무엇이 싫은지를 물어보고 잘못된 점을 고치도록 얘기해준다.

　　ⓓ 아이의 친구 관계까지 부모가 신경 쓸 필요는 없다.

12. 당신은 아이에게 태권도를 가르치고 싶지만 아이는 싫어한다. 이때 당신은 아이에게 어떻게 할 것인가?

ⓐ 뛰어다니는 것만으로도 운동이 되므로 태권도 같은 것을 가르칠 필요는 없다.

ⓑ 일단 아이를 태권도 학원에 등록시키고 아이가 잘하는지를 지켜본다.

ⓒ 태권도가 왜 필요한지를 설명하고 아이가 스스로 선택할 수 있도록 한다.

ⓓ 태권도를 싫어한다면 가르치지 않는다.

※ 1. 수고하셨습니다. 앞에서 체크한 사항을 다음 채점표의 해당 칸에 기록하십시오. 예를 들어, 1번에 d를 체크하셨다면 1번 해당 칸의 "다"에 아래 보기와 같이 체크하십시오.

보기

척도 문항	가	나	다	라
1	ⓑ	ⓑ	ⓓ	ⓐ
2	ⓐ	ⓑ	ⓓ	ⓒ
3	......	......	....	....

2. 세로 줄 가, 나, 다, 라에 체크된 개수를 각각 헤아려 총점 칸에 기록해 주십시오.

3. 가장 높은 점수가 당신의 지배적인 양육태도입니다. 만약, 똑같은 점수가 나온다면 당신은 두 가지 특성을 다 가지고 있다고 볼 수 있습니다.

채점표

척도 문항	가	나	다	라
1	ⓑ	ⓒ	ⓓ	ⓐ
2	ⓐ	ⓑ	ⓓ	ⓒ
3	ⓑ	ⓓ	ⓒ	ⓐ
4	ⓐ	ⓒ	ⓓ	ⓑ

5	ⓓ	ⓐ	ⓑ	ⓒ
6	ⓒ	ⓓ	ⓑ	ⓐ
7	ⓐ	ⓓ	ⓒ	ⓑ
8	ⓓ	ⓑ	ⓐ	ⓒ
9	ⓑ	ⓓ	ⓐ	ⓒ
10	ⓒ	ⓐ	ⓓ	ⓑ
11	ⓒ	ⓐ	ⓑ	ⓓ
12	ⓒ	ⓑ	ⓓ	ⓐ
총 점				

부모 양육 태도란 부모 역할의 특성이라고 할 수 있습니다. 양육 태도는 부모의 성격, 가치관, 학력, 경제 수준, 가족 구성원, 애정의 깊이와 같은 특성과 아이의 기질, 성격, 외모와 같은 특성들의 상호작용으로 결정됩니다. 쉐퍼와 맥코비, 마틴 등은 부모의 양육 태도에 영향을 미치는 여러 가지 요인들 중에서 부모의 통제 성향과 애정 강도가 가장 중요한 변수라고 주장했습니다.

통제 성향이란, 부모가 아이에게 지시하고 명령하려는 성향을 말하며 통제 성향이 강한 부모는 자신의 뜻에 따라 아이를 기르려는 경향이 강합니다. 그에 비해 통제 성향이 약한 부모는 지시하고 명령하기보다는 아이 입장에서 생각하고 아이에게 자율적으로 맡기려는 경향이 강합니다.

애정 강도란, 애정이 강한 부모는 아이에게 온정적이고 아이의 행동을 수용하며 아이의 반응에 민감합니다. 그에 비해 애정이 약한 부모는 아이에게 적대적이고 아이와의 접촉을 회피하며 아이의 행동과 욕구에 대한 반응이 약하고 거부적인 편입니다.

부모 양육 태도 검사는 통제 성향과 애정 강도의 두 차원에서 부모의 양육 태도를 체크하기 위해 쉐퍼와 맥코비 등의 이론을 바탕으로 개발한 것으로 부모 양육 태도는 네 가지 유형으로 구분됩니다.

 우리 아이 인성은 7세에 결정된다

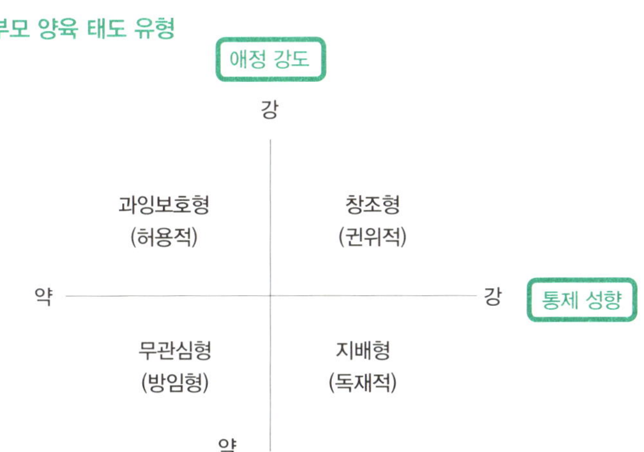

▶ 창조형(권위적) 양육 태도 아름다운 부모, 구김살 없는 아이의 미래

창조형의 양육 태도를 가지고 계신 부모는 아이에 대한 통제 성향이 강하고 아이에 대한 애정이 강합니다. 이런 부모는 자녀에게 애정을 가지고 있으면서도 아이에게 무조건적으로 허용하거나 베푸는 자녀 교육관을 가지고 있지는 않습니다. 자녀에게 애정적이면서도 자녀의 행동을 적절히 통제하고 조절하려고 하는 부모 유형으로 아이의 욕구와 소망을 인정하는 편입니다. 부모보다는 아이 중심적이며 부모와 아이 사이에 개방적인 의사소통을 격려하며 아이의 자주적이고 독립적인 노력을 중요하게 생각합니다. 아이에게 바람직한 행동 기준을 제시하고 그것을 지키도록 요구하지만 강요하기보다는 왜 그렇게 해야 하는지를 잘 설명해주고 아이의 소리에 귀 기울일 줄 압니다.

이런 유형의 자녀들은 성장할수록 독립적이고 사회적으로 유능하며 자기를 통제할 수 있는 능력을 갖게 되며 스스로 자신을 존중하는 긍정적인 자아 존중감을 갖게 될 가능성이 높습니다. 주의하셔야 할 점은 부모님의 기준이 확고하고 애정이 지나쳐 자칫 아이의 삶을 부모님의 기대에 맞춰 키우려는 현상이 나타날 수도 있습니다. 아이의 적성과 능력을 고려한 개인차 교육에 관심을 가져보시면 더욱 아름다운 가정을 꾸려나갈 수 있을 것입니다.

▶ 지배형(독재적) 양육 태도 애정 없는 독재자, 반란을 꿈꾸는 아이

지배형의 양육 태도를 가지고 계신 부모는 창조형 양육 태도와는 달리 권위주의적이고 독재적이며, 아이를 통제하려는 경향이 강하지만 아이에 대한 애정은 약한 편입니다. 지배적 양육 태도를 가지고 있는 부모는 아이에게 온정과 애정이 부족하고 자칫 적대적일 수도 있습니다. 배우자나 결혼에 대한 불만이 아이에게 전이되어 나타나는 것일 수도 있습니다. 이런 부모는 아이를 통제하기 위해 신체적 체벌을 가할 가능성이 높고, 말을 듣지 않는 아이의 행동이 부모에 대한 도전이라고 받아들이기 때문에 아이의 행동과 욕구를 억압할 가능성이 높습니다. 부모로서 확고한 기준을 가지고 자녀를 교육하는 것은 중요하지만 부모로서의 애정을 항상 간직하고 있어야 합니다. 아이에게 무조건적인 금지와 체벌보다는 왜 그렇게 해야 하는지를 설명해주어야 하며, 다른 가족이나 사회적 관계에서의 불만을 아이에게 돌려서 표현해서는 안 됩니다. 이런 부모는 심할 경우 아동학대로 이어질 수도 있습니다.

이런 유형의 자녀들은 불만이 많고 불안하기 때문에 성장할수록 사회 적응력이 떨어지고 부모나 주위 사람들의 눈치를 보며, 자발성이 부족하기 때문에 누가 시키지 않으면 일을 하지 않고 창의성이 떨어지고 타인의 고통에 냉담하기 때문에 품행 장애나 반사회적 성격장애로 이어질 수도 있습니다. 특히 자신과 가정에 대한 불만은 자기에 대한 부정적 자기 인식으로 이어져 일탈 행동으로 이어질 수도 있습니다. 자식에 대한 애정으로 아이의 눈높이에서 생각하도록 노력해야 하며 스스로 극복할 수 없다면 주변 사람에게 아이 양육에 대한 도움을 받을 필요가 있습니다.

▶ 과잉 보호형(허용적) 양육 태도무한한 자유, 내일을 향해 쏜다

과잉 보호형의 양육 태도를 가지고 있는 부모는 아이에 대한 통제를 거의 하지 않고 아이에게 자율적으로 맡기지만 아이에 대한 애정은 강한 편입니다. 이런 유형의 부모는 아이의 행동이나 욕구를 잘 받아들이고 아이의 변화와 요구에 민감하고 애정이 있습니다. 그러나 아이에게 제한을 가하지 않고 아이에게 성숙한 행동을 요구하지도 않습니다. 한 마디로 애정은 있지만 아이가 스스로 성장하길 원하는 양육 태도입니다. 그렇다고 무조건적으로 방치해두는 것은 아니지만 아이가 제멋대로 자신의 욕구를 표현하려고 하기 때문에 자기 중심적인 아이로 성장할 가능성도 있습니다. 이런 부모는 아이 스스로 자신의 행동을 선택하기를 원하지만 어린아이들의 경우에는 아직 그런 판단 능력과 선택 능력을 가지고 있지는 않기 때문에 어린 시기에는 적절한 통제가 필요합니다.

이런 유형의 자녀들은 자신의 욕구를 충동적으로 채우려고 하고 자신의 욕구가 채워지지 않으면 욕구 좌절이 일어나 공격적으로 변할 가능성이 높습니다. 게다가 자신의 욕구만 채우면 되기 때문에 자기중심적이고 책임감이 부족한 사람으로 성장할 가능성이 높습니다. 아이의 욕구를 적절히 통제하며 허용할 것과 허용하지 않을 것에 대한 기준을 제시해주어야 하며, 놀이에 대한 규칙 같은 것을 알려주어야 합니다.

▶ 무관심형(방임적) 양육 태도무책임한 부모, 혼돈 속에 빠진 아이

무관심형의 양육 태도를 가지고 있는 부모는 아이에 대한 통제도 거의 없으며 아이에 대한 애정도 약한 편입니다. 이런 부모는 부모의 역할을 포기하다시피 했다고 해도 지나친 말이 아닙니다. 아이와 접촉을 회피하고 아이의 행동과 욕구에 대해 무관심하며 거부적입니다. 아이와의 상호작용은 단지 부모 자신의 위안과 죄의식을 덜기 위해 이루어지며 아이에게 일관성 있는 훈육을 시키지도 않습니다. 모성과 부성의 부족 때문인지 배우자에 대한 불만 때문인지, 원치 않는 아이를 가졌기 때문인지 이렇게 아이를 방치하듯 키운다면 아이의 발달에 큰 문제가 생길 수 있습니다.

이런 유형의 자녀들은 성장하면 다른 사람들에게 적대적이고 공격적이며 다른 사람들에게 복종하려는 경향이 낮기 때문에 사회 생활에 문제가 나타날 수도 있습니다. 스스로 자신을 존중하는 자아 존중감이 낮고 자기에 대한 인식이 부정적이기 때문에 자기 학대, 타인 학대와 같은 일탈 행동으로 나타날 수 있습니다. 아이를 어떤 관점에서 어떤 기준으로 길러야 할 지를 좀더 확고하게 하셔야 합니다. 그러나 무엇보다 중요한 것은 아이에 대한 애정과 책임감을 더욱 더 강하게 가져야 할 필요성이 있습니다. 필요하다면 자신의 문제를 전문가와 상담해보시는 것도 좋을 듯합니다.

3장

Success – 성공지능(SQ)을 키워라!

아이의
실패 관리

큰아들 규민이가 줄넘기를 시작했다.

둘째 아들 규연이도 줄넘기를 사달라고 해서 줄넘기를 시작했다.

아무래도 형보다 동생이 줄넘기를 잘하지 못했다.

그런데 다음 날 아침 둘째 아들이 유치원엘 가지 않겠다면서 놀이터에서 줄넘기를 하고 있다.

"규연아! 유치원 안 가니?"

"줄넘기 네 번 넘기 전에는 유치원 안 가요!"

유치원 개원 시간이 다 되어 가는데도 낑낑 대면서 줄넘기를 넘고 있다. 하나, 둘, 하다가 털썩 걸리고, 하나, 둘, 셋 하다가 또 걸리고. 간신히 네 번을 넘기고서야 유치원엘 갔다.

그리고 며칠 후 둘째 아들은 줄넘기를 160회나 넘었다. 올해는 줄넘기 넘기 대회에 나가서 모든 발 뛰기 대상, 엇갈려 뛰기 입상을 했다. 형은 나가지 못한 대회에 나가서 작은 키에 집중해서 뛰는 둘째 아들을 보니 가슴이 뭉클하다.

세상을 살다 보면 많은 경험을 한다. 사람들은 세상에 대한 정보와 지식을 이러한 경험을 통해 얻는다.

그러나 이렇게 얻는 정보와 지식들이 반드시 성공적인 경험을 통해 이루어지는 것은 아니다. 때로는 실패를 통해서도 세상을 배운다. 수많은 시도와 실패, 그리고 또 다른 시도 속에서 세상을 배워 나가는 것이다.

가령, 발명가들이 새로운 발명을 할 때 기존의 지식을 활용해서 해결하는 방식은 기존에 있던 지식과 동화(assimilation)함으로써 이루어진다. 동화란 기존의 지식에다 문제의 해결책을 짜 맞추는 것이다. 그러나 기존에 있던 지식과 동화만 가지고는 새로운 발명을 하기가 힘들다. 그 순간 발명가는 실패를 경험한다. 이럴 경우 기존 지식들을 새롭게 조합하고 배열하는 조절(accomodation) 과정을 거쳐야 한다. 조절이란 문제 해결을 기존의 지식 틀에서만 찾으려 하지 않고 새로운 창조적 시각에서 찾으려는 과정이다. 이러한 조절을 통해 새로운 발명품을 개발할 수 있는 것이다.

이와 같이 실패를 통해 새로운 해결책을 찾아냄으로써 성공적으로 세상을 배우게 되는 현상을 심리학자인 달라드와 밀러(Dollard & Miller)는 학습 딜레마(learning dilemma)라고 불렀다.

실패로부터 배운 대표적인 인물이 에디슨이다. 에디슨은 어려서부터 호기심이 많아 엉뚱한 짓을 잘했다. 그래서 학교에서 선생님에게 늘 꾸중만 듣자 입학한 지 석 달 만에 학교를 그만두고 엄마에게 교육을 받았다.

열두 살이 되던 해에 열차 신문 판매원이 된 에디슨은 닥치는 대로 책을 읽고 화물칸에 실험실을 마련하여 다양한 실험을 했다. 하지만 실험실에서 불이 나는 바람에 쫓겨나고 말았다. 그래도 에디슨은 직장 생활을 하면서 연구와 실험을 계속했다. 1870년, 에디슨은 주식 상장 표시기를 발명하여 벌어들인 돈으로 뉴저지에 공장을 세웠다. 그리고 하루 종일 일과 실험에 빠져들어 많은 발명을 했다. 에디슨은 벨이 발명한 전화기를 한층 더 좋게 만들었고, 백열전구를 연구해 그 때까지 수명이 짧았던 백열전구를 40시간 이상 빛을 발할 수 있게 만들었다. 에디슨으로 인해 전등의 시대가 열린 것이다. 그 뒤로 에디슨은 영사기와 축전지 등 1,000여 종이 넘는 발명을 했다. 사람들이 발명왕이 된 비결을 묻자 그는 '천재는 1%의 영감과 99%의 땀으로 만들어진다.'고 했다. 그만큼 에디슨은 발명에 많은 노력을 기울였다.

에디슨은 하나의 발명품을 만들기 위해 많은 실패를 맛보았다. 축전지를 만들 때는 무려 2만 5,000번의 실험을 거쳤다. 사람들은 에디슨에게 위로의 말을 건넸다.

"2만 5,000번이나 실패를 했으니, 많이 속상하겠어요."

하지만 에디슨은 아무렇지 않게 대답했다.

"내 실험에는 실패가 없습니다. 나는 2만 5,000번을 실패한 것이 아니라 건전지가 작동하지 않은 방법을 2만 5,000가지 안 것입니다. 그러니 이것은 실패라고 할 수 없지요."

요즘 방송에 나오는 〈서민 갑부〉, 맛집 사장들을 보면 이런 학습 딜레마를 잘 극복한 경우다. 누구나 실패할 수 있다. 그러나 그 실패 속에서 성공의 해결책을 찾아낼 수 있도록 격려해주고 북돋워 주는 역할이 부모의 역할이다.

오늘은
더 좋다

큰아들 규민이는 유독 '짜증난다'는 말을 많이 쓴다.

"왜 아들아! 뭔 일 있니?"

"아니 엄마는 지금 힘든데 자꾸 숙제부터 하래잖아요."

"그래도 숙제부터 하고 놀면 마음이 편하잖아."

"아니, 배도 고프고 지금 힘든데 밥 먹고 천천히 하면 안돼냐구요?"

"정말 짜증 나!"

"그래 그렇게 해. 짜증 내지 말고."

그렇게 원만하게 얘기가 되면 좋으련만 집사람이 끼어든다.

"너 그렇게 해놓고 맨날 숙제 못 하고, 아침에 허둥대잖아."

중간에서 이러지도 못하고 저러지도 못하고 심리학자인 아빠는 아들 편을 들었다 집사람 편을 들었다 오락가락하기 일쑤다. 이럴 때면 아빠인 나는 조용히 서재로 기어들어 간다.

'둘이 알아서 잘 하라고!'

그리고 상황이 끝날 때쯤 나타나서 큰아들 규민이를 달래며 엄마에게 혼났으면 사과를 시키고 가능하면 긍정적으로 마무리되도록 노력한다. 공부를 가르치기보다는 아들이 좋아하는 것을 주고 아들에게 좋은 말을 찾아 위로한다.

의류 브랜드 'Life is good'을 만든 버트와 존 제이콥 형제는 부모, 특히 어머니로부터 긍정의 마인드를 물려받았다. 이들 아버지는 교통사고 장애로 인해 폭력적으로 변했고 분노조절장애까지 앓았다. 하지만 사랑으로 아이들을 키운 어머니가 있었다.

매일 저녁 식탁에서 어머니는 두 형제에게 물었다.

"오늘 하루 중 가장 좋았던 건 뭐였니?"

세상이 우리가 생각하는 것보다 행복하고 재미있고 유쾌한 순간들로 가득 차 있다는 긍정적인 마음을 갖게 해준 어머니의 교육이었다. 그 후 1879년부터 티셔츠를 길거리에서 팔기 시작한 버트와 존 제이콥. 그러나 티셔츠는 한 장도 팔리지 않았다. 그들은 좌절하지 않고 티셔츠에 어머니의 가르침을 새겼다.

'Life is good!'(인생은 좋은 것)

하루에 한 장도 못 팔기 일쑤였던 형제의 티셔츠는 처음 50장을 제작했는데 1시간 만에 팔렸다. 그 후 제이콥 형제는 30개국 4,500개 매장에서 티셔츠는 물론 모자 등의 판매로 1억 달러 규모의 의류 회사로 성장했다. 제이콥 형제가 우리에게 던지는 질문은 바로 이것이다.

"아들들아! 오늘 한 일 중 가장 좋았던 것은 뭐니?"

A	B	C	D	E	F	G	H	I
1	2	3	4	5	6	7	8	9
N	O	P	Q	R	S	T	U	V

영어 알파벳 A부터 Z까지 1부터 숫자를 매겨서 마지막 Z까지 26을 넣어보자. 그리고 인생에서 성공하기 위해 가장 중요한 단어가 무엇인지를 영어로 써보고 그 값을 더해보자.

돈(money) = 13+15+14+5+25 =72

인맥(network) =14+5+20+23+15+18+11 =106

부모(parents) = 16+1+18+5+14+20+19 =93

돈은 100점이 안 되고, 인맥은 100점이 넘고, 부모가 반 팔자라는데 부모는 93점이다. 그런데 사람들의 인생 태도(attitude)라는 단어를 계산해보면 딱 100점이 나온다.

태도 ATTITUDE = 1+20+20+9+20+21+4+5 = 100

긍정적인 태도가 중요하다.

사람의 태도는 삶에 대한 자세다. 즉 인생 자세(Life Position)다.

아이의
스트레스 관리

낙천적인 삶을 사는 사람들은 그렇지 않은 사람들보다 삶이 즐겁고 아름답다. 그리고 적극적이다. 그리고 낙천적인 삶을 사는 사람들은 실패를 두려워하지 않으며 자신과 타인의 입장에서 생각하는 능력이 뛰어나다.

음악 평론가 유한철의 첼리스트 정명화에 대한 평론이다.

"그녀의 연주는 예의 타고난 활달함과 연주가다운 낙천성이 몸에 배어 다이내믹한 역성감(力性感)을 실감시켜주었다."

타고난 활발함과 낙천성, 거기에 부모의 지원을 받은 피나는 노력이 그녀를 세계적인 첼리스트로 만들어낸 것이다.

낙관주의(optimism)는 희망처럼 좌절과 실패에도 불구하고 일들이 잘될 것이라고 강하게 기대를 갖는 것을 의미한다. 그에 비해 비관주의(pessimism)는 삶을 비관하고 염세적인 사고를 하는 것을 의미한다. 감성 지능의 관점에서 볼 때, 낙관주의는 사람들이 곤경에 처했을 때 무감각, 절망, 의기소침이란 구렁텅이로 빠지지 않게 하는 삶의 방식이고, 삶에 대한 태도이다. 낙관주의는 인생에 특별한 의미를 준다. 물론 현실을 무시하고 능력을 무시한 지나친 낙관주의는 망상일 수도 있고 환상을 수도 있으며 재앙을 초래할 수도 있다. 그러나 현실을 반영한 긍정적인 삶의 자세인 낙관주의는 현실주의적 낙관론이다.

1988년 미국 사람들과 세계 스포츠 관계자들은 비욘디라는 수영 선수에게 많은 관심을 쏟았다. 많은 스포츠 기자들은 비욘디가 1972년 7개의 금메달을 딴 스피츠의 기록에 버금가는 기록을 세울 것이라고 기대했다. 그러나 그는 첫번째 출전한 200m 자유형에서 3등을 했고, 두 번째 시합인 100m 접영에서도 다른 선수에게 밀려 은메달에 머물렀다.

미국 사람들과 스포츠 관계자들의 실망은 컸고, 스포츠 해설가들은 비욘디가 좌절을 극복하지 못하고 남은 시합에서조차 금메달을 따지 못할 것이라고 예상했다. 그러나 비욘디는 패배감에서 벗어나 남은 다섯 경기에서 계속 금메달을 획득했다. 그 무렵 펜실베이니아 대학의 심리학자인 셀리그만은 그의 분발은 당연하다고 설명했다. 셀리그만은 그해 초 비욘디를 대상으로 낙관주의를 검사한 적이 있었는데, 그의 점수는 매우 높았었다. 실험 과정에서 수영 코치는 그가 작성한 실제 기록보다 더 저조한 기록을 꾸며서 말해주었다. 그리고 기록이 저조하니 휴식을 취하는 것이 바람직하겠다고 충고해주었다. 그러나 그는 그러한 비관적인 피드백에도 불구하고 다음 시합에서 더 좋은 기록을 냈다. 이것은 그가 낙관적 태도를 가지고 있기 때문이다. 그러나 비욘디와는 달리 비관주의적인 태도를 가지고 있는 다른 선수들에게 거짓으로 저조한 기록을 말해주면 다음 경기에서 오히려 기록이 떨어진다.

셀리그만은 사람들이 자신의 성공과 실패의 원인을 찾는 귀인 행동의 관점에서 낙관주의를 설명한다. 낙관적인 사람들은 실패를 변화시킬 수 있는 것으로 돌리는 반면에 비관적인 사람들은 실패를 변화시킬 수 없는 지속적인 것으로 돌린다. 이런 설명은 사람들이 삶에 대해 어떻게 대처하는지를 엿볼 수 있게 해준다. 가령 직장을 얻는 데 실패했을 때 낙관주의자들은 도움이나 충고를 받아들이고 행동 계획을 세우는 등 활발하면서도 희망적으로 반응한다. 그들은 실패를 치유할 수 있는 어떤 것으로 간주한다. 반면, 비관주의자들은 실패에 대해 개선할 방법이 없다고 생각하고 아무런 노력도 하지 않는다. 그들은 실패를 개인의 무능과 자신의 처지로 돌린다.

낙관주의적인 삶을 사는 학생과 그렇지 않은 학생의 학업 성적도 다르다. 낙관주의는 학업 성적을 예측할 수 있는 도구이기도 하다. 1984년 펜실베이니아 대학의 신입생 500명을 대상으로 낙관주의가 학업 성적에 미치는 영향을 연구했다. 그 결과 낙관주의 검사 점수는 대학 1학년 신입생의 학점을 고등학교 성적이나 SAT 점수보다 더 잘 예언하였다.

셀리그만은 이렇게 말했다.

"대학 입학시험은 재능을 측정하지만, 귀인 방식은 누가 실패를 할 것인지를 알려준다. 실패해도 계속 견딜 수 있는 능력과 이성적 재능이 결합되면 성공하게 된다. 능력검사에서는 동기를 측정하지 못한다. 당신이 어떤 사람에 대해서 알아야 할 것은 그가 좌절을 당했을 때 계속 노력할 것인가의 여부다. 만약 지능과 재능이 비슷한 수준이라면 실제적인 성취는 실패를 견뎌낼 수 있는 좌절 극복 능력과 인내력이 결정한다."

사람들이 플러스 발상을 하면 뇌에서는 베타 엔돌핀(endorphin)이 분비되고, 뇌파가 알파파로 바뀐다.

사람들은 화를 내거나 강한 스트레스를 받으면 뇌에서 강력한 혈압 상승제 역할을 하는 신경전달 물질인 노르아드레날린이라는 물질이 분비된다. 이 물질은 호르몬의 일종으로 매우 독한 독성을 가지고 있다. 자연계에서는 뱀 다음으로 독성이 강하다고 한다. 혈관이 수축되면 혈압이 오르고 혈액 흐름에 장해가 일어난다. 뇌에 있는 굵은 혈관이 막히면 뇌경색을, 가는 혈관이 막히면 기억 상실 및 치매 현상을 일으키게 된다. 그러나 뇌내 몰핀(아편)인 엔돌핀은 수축된 혈관을 원상태로 되돌리고 혈액의 흐름을 순조롭게 도와주는 역할을 한다. 베타 엔돌핀은 면역력을 높여주고, 세균에 의해 감염된 질병이나 바이러스를 면역 세포를 강하게 만들어 치유하며, 암과 에이즈와 같은 병에도 강한 저항력을 발휘한다.

스트레스를 받더라도 긍정적으로 생각하고, 긍정적으로 받아들이면 뇌의 단백질이 부신피질 호르몬과 베타 엔돌핀으로 분해된다. 부신피질 호르몬은 육체적인 스트레스를 완화시키는 역할을 담당하고, 베타 엔돌핀은 정신적 스트레스를 해소하는 작용을 한다.

긍정적으로 받아들이면 정신적 스트레스를 해소시켜 주는 베타 엔돌핀과 신체적 스트레스를 해소시키는 부신피질이 분비되지만, 부정적으로 사고하면 신기하게도 베타 엔돌핀이나 부신피질이 전혀 다른 물질로 변한다. 노르아드레날린과 아드레날린이 바로 그것인데, 이 물질 자체도 독성 물질이지만, 이 물질로 인해 더욱 강한 독성 물질인 활성 산소가 발생한다. 그럼에도 불구하고 사람들은 자칫하면 마이너스 발상을 하기 쉽다. 긍정적으로 사고하려고 의식적으로 노력하지 않는 한 통계적으로 70~80%는 마이너스 발상을 하게 된다.

긍정적 예언을 하는 사람과 부정적 예언을 하는 사람의 뇌파와 호르몬 그리고 행동은 다르다.

아이들에게 긍정의 힘을 심어주자. 아이들이 낙천적으로 생각하고, 긍정적으로 생각하도록 격려해주자. 일곱 살 무렵에 실패와 좌절을 지속적으로 경험하면 학습된 무기력에 빠지고, 자신감도 잃게된다. 심하면 우울증으로 이어지기도 한다.

일곱 살 무렵의 아이들에게 가장 중요한 경험은 작은 것이라도 성취할 수 있도록 해주어야 한다. 그리고 너무 무리한 요구를 해서도 안 된다.

지능 검사를
너무 믿지 마라

대개의 사람들은 학교에서 혹은 심리연구소 같은 기관에서 지능 검사라는 것을 한 번쯤 받아보았을 것이다. 검사점수가 잘 나오면 괜히 기분이 좋고, 점수가 잘 나오지 않으면 시무룩했던 기억이 난다. 더구나 요즘 학부모들은 지능검사 점수가 그 아이의 앞날을 결정짓기라도 하는 것처럼 호들갑을 떨기 일쑤다.

과연 지능검사가 인간의 지적인 능력을 얼마나 제대로 측정할 수 있을까? 도대체 지능검사는 얼마나 믿을 만한 것인가?

IQ(Intelligence Quotient)는 지능지수를 가리키는 영어 약자다. 대개 사람들의 지능, 즉 지적 능력을 새로운 사태에 적응하는 능력, 새로운 것을 배울 수 있는 학습능력, 추상적 혹은 논리적 사고를 할 수 있는 능력으로 정의된다.

그러나 현재의 지능검사는 몇 가지 문제점을 안고 있다.

그중 하나가 지금까지의 지능검사들이 잠재능력뿐 아니라 경험이나 사회문화적 영향을 반영함으로써, 문화 간에 지적인 차이를 발생시켰다는 점이다. 가령 유럽의 도시에서 자란 아이들과 부시맨이 살고 있는 아프리카 오지의 아이들 간에는 지적인 차이가 나타나는데, 이는 대개의 지능검사가 서양문화 중심으로 만들어졌기 때문이다. 지금은 우리나라도 매스컴의 영향으로 도농 간의 문화 격차가 많이 해소되었지만, 몇 년 전만 해도 도시와 농어촌 간의 문화양식의 차이는 심했다. 그래서 농어촌에 사는 아이들은 듣도 보도 못하던 지능검사의 물음에 답해야만 하는 상대적 불이익을 감수해야만 했다.

또 다른 문제점은 지능검사의 점수가 연령에 따라 떨어진다는 점이다. 원래 지능은 정신연령을 생활연령으로 나누어 100을 곱한 값으로 나타내는데, 이러한 방식은 독일의 심리학자인 스턴(W. Stern)이 제안한 것이다. 그런데 정신연령은 일정한 시점이 오면 발달이 멈추거나 감소하기 시작하는데 비해, 생활연령은 나이가 먹을수록 자연스럽게 증가하니, 25세를 전후로 해서 지능지수는 떨어질 수밖에 없다.

그러나 더 중요한 문제점은 지능검사가 지적인 능력을 과연 제대로 측정할 수 있는가 하는 점이다. 지능검사란 인간의 전체적인 지적 능력과 지적 잠재력을 재는 것이어야 함에도 불구하고, 현재의 지능검사들은 대개 학업성취도나 학습능력만을 측정하고 있기 때문에, 진정한 지능을 제대로 측정하지 못하고 있다.

또 어떤 사람들은 지능검사라는 중압감 때문에 불안 수준이 지나치게 높아져서 지능검사의 신뢰성에 영향을 미치기도 한다. 뿐만 아니라 지능검사에 임하는 동기와 자세에 따라서 지능검사의 점수가 달라지기도 한다. 그래서 지능검사는 전문가에 의해 신중하게 측정되어야 한다. 이러한 문제점들을 고려해 볼 때 일반적으로 실시하는 지능검사가 인간의 지능을 제대로 측정하고 있다고 확신하기는 어렵다.

　그렇기 때문에 지능검사 점수는 신중하게 사용되어야만 한다. 필자는 예전에 공부를 잘하던 친구가 지능검사 점수가 낮게 나온 후로 갑자기 공부를 못하는 경우를 본 적이 있다. 반대로 공부를 못하던 친구가 지능검사 점수가 높게 나온 후로 분발해서 공부를 잘하는 경우도 있었고, 지능검사 점수가 높게 나온 것에 자만하다가 끝내 공부에 실패한 친구도 보았다.

　지능검사 결과를 가지고 지나치게 왈가왈부하기보다 지능검사 점수는 하나의 참고자료로 사용하는 것이 좋다. 공부를 잘하다가 선생님의 지능검사 결과 발표 이후 IQ가 낮은 것을 알고 갑자기 공부를 못했던 친구는 한때 좌절하기도 했지만, 스스로 자신을 돌아보고 재 분발하여 지금은 어엿한 공인회계사가 되어 있다. 만약 그 친구가 IQ 검사 결과만을 믿고 자신은 지능이 낮아 공부해도 안 될 것이라고 끝까지 믿었다면, 그 친구는 어쩌면 공부를 중도에 포기했을지도 모를 일이다.

　그러니 목로주점에서 이왕이면 더 큰 잠에 술을 따라 정을 나누듯이, 세상살이에서도 이왕이면 아낌없는 칭찬과 격려를 베풀어주는 것이 어떨까? 지나친 칭찬은 아이들을 버릇없게 만들지도 모른다고 격정하겠지만, 칭찬은 꾸중이나 비난보다 훨씬 긍정적인 결과를 가져온다는 사실을 알아야 한다. 이제 IQ 시대는 지났다. IQ 점수에 연연하지 말고 아이의 재능, 적성, 아이의 흥미가 무엇인지를 찾아주는 것이 중요하다.

　그러나 더 중요한 것은 행동으로 옮기는 실천력, 참고 견뎌내는 인내력을 길러주는 것이 무엇보다 중요한 시대가 되었다.

너보다
빠르면 돼!

두 소년이 숲속을 걸어가고 있었다. 첫째 소년은 IQ가 높다. 선생님과 부모님이 똑똑하다고 평가하는 데다 공부를 열심히 하고 시험성적도 좋기 때문에, 스스로도 자신이 똑똑하다고 생각한다. 두 번째 소년은 우등생은 아니지만 나름대로 똘똘하다. 하지만 그 소년이 똑똑하다고 생각하거나 칭찬하는 사람은 별로 없고 시험성적도 신통치 않다. 대신 눈치가 빠르다거나 현실 감각이 좋다는 이야기는 가끔 듣는다.

숲을 걷던 두 소년에게 갑자기 큰 문제가 생겼다. 눈앞에 엄청난 몸집을 가진 곰이 나타난 것이었다. 곰은 화가 난 데다 배까지 고픈 듯했는데 소년들을 발견하자 그들을 향해 달려오기 시작했다. 첫째 소년은 곰을 본 순간 그 상황을 정확히 파악하고 그 곰이 시속 50km로 달려올 경우 약 17초만 지나면 자신들이 있는 곳에 도착할 것이라고 생각했다. 자신들이 화난 곰을 피해 도망갈 방법은 없어 보였다. 그는 이내 체념하고 말았다. 한편 두 번째 소년은 달려오는 곰을 보자 무릎을 꿇고 풀어진 운동화 끈을 고쳐 묶기 시작했다. 그것을 본 첫 번째 소년이 두 번째 소년에게 말했다.

"헛고생할 필요 없어. 17초 뒤면 곰이 들이닥쳐 우릴 잡아먹을 거야. 이럴 때 운동화 끈을 묶어 어디에 쓰려고? 어차피 너는 곰보다 빠르지 않아."

그러자 두 번째 소년의 대답이 이랬다.

"물론이지, 난 곰보다 빠르지 않아. 하지만 나는 너보다 빨리 달리기만 하면 돼."

성공지능 이론의 창시자인 로버트 스턴버그가 쓴 『성공지능』에 나오는 이야기다. 이야기 속의 두 소년은 모두 똑똑하지만, 그 똑똑함의 방향이 서로 다르다. 첫 번째 소년은 IQ가 높아 재빨리 문제를 분석했지만, 그 분석을 활용하여 현실에 적용할 방안을 찾지는 못했다. 두 번째 소년은 직감적으로 문제점을 파악했을 뿐 아니라 창의적인 해결 방법까지 생각해냈다. SQ가 높은 소년인 것이다. 친구를 곰의 먹잇감으로 주고 혼자 도망갈 연구만 하는 아이라고 욕할 필요는 없다. SQ가 높아 위기의 순간에도 해결책을 찾아낸 정도로 해두자.

이 이야기는 IQ가 높거나 공부를 잘하는 것과는 다른 '똑똑함'이 중요하다는 교훈을 알려준다. 그런데 부모님이나 선생님들이 IQ나 학교성적을 지나치게 신봉한 나머지 일찌감치 아이의 인생을 망가뜨리는 경우가 많다. 지능지수나 학교성적이 낮은 아이들은 결국 '나는 안 돼.'라는 생각으로 노력하지 않게 되고 인생을 망가뜨릴 수 있는 것이다.

교수가 된
IQ 저능아

공부도 제법 잘하고 가정환경도 꽤 좋은 초등학생이 있었다. 그런데 어느 날, 그 소년에게 절망적이고 엄청난 위기가 닥쳐왔다. IQ 테스트를 실시한다는 것이었다. 평소 테스트에 대해 불안감을 가지고 있던 소년은 IQ 테스트를 실시하러 들어오는 상담교사를 보자 갑자기 긴장했다. 그 상담교사가 마치 무서운 꿈을 꿀 때 나타나는 악마처럼 느껴졌다.

평소 책도 잘 읽고 발표도 잘하던 소년은 시험 때만 되면 긴장하여 제대로 시험을 치루지 못하곤 했다. 그래서 소년은 이번만큼은 정말로 잘해야겠다는 의욕을 가지고 있었다. 마침내 상담교사가 테스트 시작을 알렸다.

"자, 지금부터 문제를 푸세요."

그러나 이번만큼은 반드시 잘 해내고야 말겠다는 다짐은 의욕에 그쳤을 뿐, 막상 테스트가 시작되자 소년은 너무 당황해 문제를 풀 수 없었다. 그러자 소년의 심장은 마구 쿵쾅거리기 시작했고 연필을 쥔 손에는 땀이 나 연필을 제대로 잡을 수조차 없었다. 야속하게도 다른 친구들은 아무렇지도 않은 듯 문제를 잘 풀고 있었다. 친구들이 아무런 어려움 없이 문제를 푸는 것을 본 소년은 더욱 당황했고 마침내 온몸에서 식은땀이 줄줄 흘러내리기 시작했다.

다른 친구들이 문제 한 페이지를 다 풀고 다음 장을 넘기는 소리가 들리는데도, 소년은 처음 두 문제를 가지고 끙끙대고 있었다. IQ 테스트를 하는 시간은 그 소년의 삶에서 가장 절망적인 시간이었다.

당연하게도 IQ 검사 결과에 소년의 그런 절박한 심정이 반영되지는 않는다. 그러다 보니 그 소년의 IQ는 0에 가까운 것으로 나왔고, 그 소년에게는 저능아라는 딱지가 붙게 되었다. 그러자 초등학교 저학년 시절의 선생님들은 아무도 그 저능아에게 기대를 하지 않았고 요구도 하지 않았다. 그래도 소년은 많은 다른 학생들과 마찬가지로 담임선생님의 마음에 들기 위해 노력했다. 그러나 그게 무슨 소용인가? 부질없는 짓이었다. 한번 저능아로 낙인찍힌 그 소년은 이미 인생의 낙오자가 되기 시작했던 것이다.

선생님들은 그 소년이 저능아와 같은 행동을 하고 그에 걸맞은 행동을 할 때 오히려 만족스러워했다. 그리고 선생님들이 만족해하니 소년도 그런 행동을 반복했다. 소년은 일단 한번 들어가면 헤어나지 못하는 미로처럼, 빠져나오기 힘든 수렁에 들어선 것처럼 보였다. 만약 그 소년에게 알렉사 선생님이 나타나지 않았다면, 소년은 어쩌면 저능아라는 낙인을 평생 떼어내지 못한 채 살아갔을지도 모른다. 그렇다면 그의 삶은 어땠을까?

그 소년의 삶에서 알렉사 선생님은 한 줄기 빛이었다. 3학년 때까지의 선생님들은 나이도 많고, 테스트 결과를 철석같이 신봉하는 분들이었다. 그러나 갓 대학을 졸업한 알렉사 선생님은 IQ 테스트 점수가 무엇인지도 몰랐고, 또 그 결과에 신경 쓰지도 않았다. 알렉사 선생님이 IQ 테스트를 잘 모른다는 사실은 그 소년에게 행운이었다.

알렉사 선생님은 소년이 지금보다 더 잘할 수 있다고 생각했고, 그래서 소년에게 더 많은 것을 요구했다. 그리고 그것을 얻어내곤 했다.

왜 그랬을까? 그 이유는 단순했다. 그 소년은 3학년 때까지 담임선생님들에게 했던 것보다 더 많이 그 선생님을 기쁘게 해드리고 싶었기 때문이다. 그 소년은 알렉사라는 선생님을 기쁘게 해드리고 싶었고, 그러기 위해서는 선생님의 기대에 부응하기 위해 더 열심히 준비하고 공부해야 했다. 만약 선생님과 나이 차이가 많이 나지 않았다면 그 소년은 청혼하고 싶을 정도로 그 선생님을 좋아했다. 그럴수록 그 선생님보다 그 소년 자신이 더욱더 놀라게 되었다.

"아니 내가 이렇게 잘할 수 있다니."

그 소년은 자신이 그렇게 잘할 수 있을지 전혀 몰랐다. 난생처음으로 전 과목 A를 받은 학생이 되었고, 그 후에도 계속 그런 상태를 유지했다. 그 소년은 다름 아닌 예일 대학교 심리학과 교수로 성공지능(SQ)을 제안한 로버트 J. 스턴버그다.

공부 머리,
사는 머리

우리는 흔히 이런 말을 한다.

"어떻게 너처럼 똑똑한 아이가 그런 멍청한 짓을 할 수가 있니?"

이런 말은 학교 공부도 잘하고, IQ도 좋고, 시험성적도 좋은 사람이 부모나 선생님 또는 직장 상사의 기대에 어긋나는 일을 했을 때 종종 듣는다.

학업성적이나 IQ만 가지고 사람의 미래를 예측하는 데는 한계가 있다. 그리고 학업성적이나 IQ로 한 사람의 사회적 능력이나 성공을 설명하기란 쉬운 일이 아니다.

사람들은 누구나 IQ로 측정할 수 없는 재능을 가지고 있고 그 재능도 사람마다 다양하다.

우리 속담 중에는 이런 말들이 있다.

"숟갈 한 단도 못 세는 며느리가 살림은 잘한다."

"넙치가 눈은 작아도 먹을 것은 잘 본다."

"굼벵이도 구르는 재주는 있다."

"헌 옷 속에 마패 들었다."

학교에서 공부는 못할지라도 사회적으로 살아가는데 사회적으로 성공하는 데 필요한 지능은 따로 있다. 그것이 바로 성공지능이고, 그런 성공지능을 개발하는 것이야말로 살아 있는 지능을 개발하는 것이다.

지금 사용되는 IQ 테스트는 불활성이다. 그리고 학력고사, 수능시험, 미국의 SAT(대학진학적성시험), ACT(미국 대학입학시험) 또는 대학원 입학에 사용되는 여러 가지 유사한 테스트에서 나타난 수치들도 우리나라의 수능 시험이나 공무원 입사 시험도 죽어 있는 불활성 지능이다.

불활성(inert)이란 말은 미국 헤리티지 영어사전에 보면 "1. 움직이거나 활동할 수 없는 상태 … 다른 요소와 즉시 결합하지 못하는 상태."라고 나와 있다.

이런 불활성 지능을 철석같이 믿는 사람들은 이런 테스트에서 고득점을 받은 학생이 앞으로 대학에서도 높은 성적을 올리고, 성공적인 사회생활을 해낼 것으로 예상한다.

그러나 IQ가 사회적 성공을 예측하는 능력은 10%에도 미치지 못한다. 이런 테스트에 의해 측정된 지능은 알고 보면 실생활을 살아가는 데 필요한 지능으로 연결되지 않는다. 그 결과 그들에게 기대했던 훌륭한 학업성적은 결국 높은 테스트 점수 또는 좋은 학점에 머물고 만다. 사실을 암기하거나 그 사실을 논증할 수 있다고 해서 반드시 그 사실을 자기 자신이나 타인의 삶에 영향을 미치는 것으로 변용시킬 수 있는 것은 아니다. 사실을 기억하는 것과 사실을 활용하는 것은 별개의 문제다. 즉 '공부하는 머리'와 '살아가는 머리'는 별개라는 말이다.

재주 많은 아이가
밥 빌어 먹는다

관포지교로 유명한 관중이 임금을 모시고 습붕이란 사람과 함께 고죽이라는 작은 나라를 토벌하러 갔다. 공격을 시작할 무렵은 봄이었지만 싸움이 끝나 돌아올 무렵은 한겨울에 눈보라까지 휘날렸다. 지독한 추위에 병사들은 길을 잃고 어디로 가야 할지 갈팡질팡했다. 이때 관중은 딱 잘라 말했다.

'이런 때는 늙은 말이 본능적 감각으로 길을 찾는다'

여러 말들 중 늙은 말을 골라 수레를 풀어주었다. 늙은 말은 잠시 멈칫거리더니 어느 방향으로 걷기 시작했다. 그 말을 따라가다 보니 마침내 제 길을 찾아 병사들은 행군을 계속할 수 있었다.

또 이런 일도 있었다. 험한 산속 길을 진군할 때 마실 물이 떨어져 병사들은 목이 말라 더 이상 전진할 수가 없었다. 이때 습붕은 이렇게 말했다.

'개미란 것은 겨울에는 산의 남쪽에 집을 짓고, 여름에는 산의 북쪽에 집을 짓는다. 개미집이 있으면 그 아래 8척이 되는 곳에는 항상 물이 있게 마련이다'

그래서 병사들을 시켜 개미집을 찾아 그 아래를 파보니 물이 콸콸 넘쳐났다.

아무리 위대하고 똑똑한 관포와 습붕일지라도 그들이 모르는 지혜를 늙은 말이나 개미에게 의지하길 꺼리지 않았다. 아무리 잘난 사람일지라도 때로 늙은 말이나 개미보다 못할 때가 있다. 이는 곧 아무리 하찮은 사람일지라도 나름대로 한 가지 이상의 장점을 가지고 있으니 무시하지 말라는 말이다. 관포가 늙은 말의 지혜를 빌려 길을 찾은 것에 비유해 나온 고사성어가 노마지지(老馬之智)다. 늙은 말일지라도 그 나름대로 지혜를 가지고 있다는 뜻이다. 그 말은 요즘 아무리 재주 없는 사람일지라도 하나 이상의 재주를 가지고 있다는 말로 쓰인다.

'굼벵이도 기는 재주는 있다', '숟갈 한 단 못 세는 사람이 살림은 잘한다', '헌 옷 속에 옥 들었다', '넙치가 눈은 작아도 먹을 것은 잘 본다', '떨어진 주머니에 암행어사 마패 들었다'는 속담처럼 사람은 누구나 하나 이상의 재주와 능력을 가지고 있다. 그 재주와 능력을 찾는 것이 바로 적성을 알아보는 것이다.

사람은 어떻게 결정되는 것인가? 사람의 성격, 능력, 지능과 같은 심리적 특성들은 선천적인 것보다는 후천적인 것에 의해 결정된다. 다시 말해 유전보다는 환경의 영향을 더 많이 받는다. 어렸을 때부터 어떤 환경에서 어떤 자극을 받으며 자랐느냐에 따라 사람의 심리적 특성이 결정되는 것이다. 물론 선천적으로 유전자, 염색체, 호르몬, 신경계와 같은 생물학적인 요소들이 인간의 발달에 영향을 미치고 있다는 사실을 완전히 배제할 수는 없다. 하지만 인간의 발달에 영향을 주는 가장 큰 요소는 후천적인 환경이다.

적성도 마찬가지이다. 선천적인 요소보다는 후천적인 요소를 더 강조한다. 일반적으로 적성은 다음과 같이 정의된다. 적성(aptitude)이란 후천적으로 학습된 어떤 분야에 대한 성장 잠재력을 말한다. 적성은 선천적인 것이 아니라 후천적으로 학습된 것이고, 현재 어떤 분야에 얼마나 소질이 있는가보다는 앞으로 그 분야에서 얼마나 잠재 능력을 발휘할 수 있는지가 관심사다. 그래서 현재 어떤 분야에 능력이 없다고 해서 그 분야가 적성에 맞지 않는다고 단정하는 것은 성급하다. 아직 그 분야에 대한 잠재력이 발휘되지 않고 있을 수도 있기 때문이다. 마찬가지로 지금 어떤 분야에 능력이 있다고 해서 그 분야가 반드시 적성에 맞는다고 단정할 수도 없다.

우리 민담에 '재주 많은 사람이 밥 빌어먹는다'는 말이 있다. 이런 저런 재주를 많이 가지고 있다 보면 어떤 한 분야에 집중하지 못하고, 자기 연마를 게을리 하기 때문에 한 분야의 전문가조차 되기 힘들다. 그런 사람들은 이것도 조금 할 줄 알고, 저것도 조금 할 줄 알지만 결국 제 밥벌이조차 제대로 하지 못한다. 그러나 요즘 세상은 어떤가? 옛날과 많이 달라졌다. 오히려 자기 적성 분야 이외의 분야도 개발해 둘 필요가 있다. 가령 연구개발이 적성인 사람은 그것을 상품화 할 수 있는 경영 분야의 적성도 가지고 있어야 한다. 그렇지 않으면 좋은 상품을 개발해놓고도 그것을 상품화하지 못하고 남 좋은 일 시키기 십상이다.

우리 속담에 '나무에 잘 오르는 놈은 나무에서 떨어지고, 헤엄 잘 치는 놈은 물에 빠져 죽는다'는 말이 있다. 어떤 분야에 적성이 있다고 해서 그 분야에만 흥미를 느끼고 그 분야에만 몰두하는 것은 바람직하지 않다.

21세기는 전문가의 시대라고 하지만 지나치게 한 분야에만 몰두하다가는 자칫 나무에서 떨어지고 물에 빠져 죽을 수도 있다. 그러므로 아이의 적성을 발견하고 개발하는 것 이상으로 중요한 게 아이의 적성과 반대되는 특성을 의식적으로 개발하는 것이다.

아무리 맛있는 음식이라도 편식하는 것이 좋지 않은 것처럼 아이들에게 고른 영양을 주어야 한다는 것이다.

아이의 재능이나 적성을 무시한 채 부모의 뜻대로 키우려고 하거나, 아이의 재능을 정확하게 진단하지도 않은 채 아이들에게 이런저런 공부를 시키는 것은 아프다고 의사의 정확한 진단도 없이 자기 나름대로 몸에 좋다는 약을 마구잡이로 먹는 것과 다를 바 없다.

아이가 어떤 분야에 재능을 가지고 있는지를 파악해서 삶의 방향을 일러주는 부모가 창의적인 부모라고 할 수 있다.

멍 때리는
아이로 키워라

세계적으로 멍 때리기 대회가 유행이다.

우리나라도 2014년 서울광장에서 시작된 멍 때리기 대회(space out contest)부터 올해 개최된 대회에는 3,500명이나 참가했다고 한다.

4월 30일 오후 3시 망원한강공원 성산대교 인근 망원한강공원. 이 곳에서 '2017 한강 멍때리기대회'가 열렸다.

늘 바쁜 일에 쫓기는 현대인의 뇌를 쉬게 하자는 의도로 진행된 이 행사는 2014년 서울 광장에서 처음 열린 이후 해마다 개최되고 있다. 멍때리기는 아무런 생각 없이 넋을 놓고 있는 상태를 의미하는 말로, '아무 것도 하지 않는 상태를 오래 유지하는 것'이다.

이번 대회의 참가규칙은 휴대폰 확인 금지, 졸거나 수면 금지, 잡담 금지, 웃기 금지, 시간 확인 금지, 노래 부르거나 춤추기 금지, 주최 측에서 마련한 음료 외 음식물 섭취 금지, 기타 상식적 멍때리기에 어긋나는 행동 금지 등이다.

뙤약볕에다 미세먼지가 끼어있는 상황에서도 참가자들은 멍 때리기에 열중(?)했다. 참가자들의 참가 사유를 적는 '시민투표장' 게시판에는 "아기 엄마는 멍 때릴 시간이 없다. 대회 참가를 핑계로 멍 좀 때리겠다", "어떤 사람들이 참가하는지 궁금해서 출전해보면 알 것 같아 참가했다", "만화와 게임에만 열중하는 초등학교 3학년 아들에게 멍 때리기의 훌륭함을 가르쳐주고 싶었다", "공부에서 벗어나고 싶은 초등학생" 등등 출전선수들의 참가 사유도 다양했다. 참가자들 중에선 요리치료사, 모델, 영화배우 등도 보였다.

멍 때리기는 흔히 정신이 나간 것처럼 한눈을 팔거나 넋을 잃은 상태를 말한다. 지금까지 멍하게 있는 것은 비생산적이라는 시각 때문에 다소 부정적으로 받아들여졌다. 하지만 역사적으로 보면 멍 때리는 행동에서 세상을 바꾼 창의적인 아이디어들이 나온 때가 많다.

고대 그리스의 수학자 아르키메데스는 헤론 왕으로부터 자신의 왕관이 정말 순금으로 만들어졌는지 조사해달라는 부탁을 받고 고민에 빠졌다. 그러다 머리를 식히기 위해 들어간 목욕탕에서 우연히 부력의 원리를 발견하곤 너무 기쁜 나머지 옷도 입지 않은 채 '유레카'라고 외치며 집으로 달려갔다.

뉴턴은 사과나무 밑에서 멍하니 있다가 떨어지는 사과를 보고 만유인력의 법칙을 알아냈다. 또한 아인슈타인도 바이올린과 보트 타기를 하며 휴식을 즐겼으며, 비판 철학의 창시자인 칸트는 산책을 좋아했던 것으로도 유명하다. 금세기 최고의 전설적인 경영인으로 불리는 잭 웰치도 GE 회장 시절 매일 1시간씩 창밖을 멍하니 바라보는 시간을 가졌다고 한다.

보통 사람의 경우에도 책상 앞에서 머리를 쥐어짤 때보다는 지하철을 타고 가면서 멍하니 있을 때 불현듯 좋은 아이디어가 떠오르는 때가 많다. 실제로 미국의 발명 관련 연구기관이 조사한 바에 의하면 미국 성인의 약 20%는 자동차에서 가장 창조적인 아이디어를 떠올린다고 한다. 뉴스위크는 IQ를 쑥쑥 올리는 생활 속 실천 31가지 요령 중 하나로 '멍하게 지내라'를 꼽기도 했다.

그럼 멍 때리기처럼 아무런 생각을 하지 않을 때 오히려 문제의 해답을 찾는 경우가 많은 것은 과연 과학적으로 근거가 있는 일일까?

미국의 뇌과학자 마커스 라이클 박사는 지난 2001년 뇌 영상 장비를 통해 사람이 아무런 인지 활동을 하지 않을 때 활성화되는 뇌의 특정 부위를 알아낸 후 논문으로 발표했다. 그 특정 부위는 생각에 골몰할 경우 오히려 활동이 줄어들기까지 했다. 뇌의 안쪽 전전두엽과 바깥쪽 측두엽, 그리고 두정엽이 바로 그 특정 부위에 해당한다.

라이클 박사는 뇌가 아무런 활동을 하지 않을 때 작동하는 이 특정 부위를 '디폴트 모드 네트워크(default mode network ; DMN)'라고 명명했다. 마치 컴퓨터를 리셋하게 되면 초기 설정(default)으로 돌아가는 것처럼 아무런 생각을 하지 않고 휴식을 취할 때 바로 뇌의 디폴트 모드 네트워크가 활성화된다는 의미다.

DMN은 하루 일과 중에서 몽상을 즐길 때나 잠을 자는 동안에 활발한 활동을 한다. 즉, 외부 자극이 없을 때다. 이 부위의 발견으로 우리가 눈을 감고 가만히 누워 있기만 해도 뇌가 여전히 몸 전체 산소 소비량의 20%를 차지하는 이유가 설명되기도 했다. 그 후 여러 연구를 통해 뇌가 정상적으로 활동하는 데 있어서도 DMN이 매우 중요한 역할을 한다는 사실이 밝혀졌다. 이는 자기의식이 분명치 않은 사람들의 경우 DMN이 정상적인 활동을 하지 못한다는 것을 뜻한다. 스위스

연구진은 알츠하이머병을 앓는 환자들에게서는 DMN 활동이 거의 없으며, 사춘기의 청소년들도 DMN이 활발하지 못하다는 연구 결과를 발표했다.

또한 DMN이 활성화되면 창의성이 생겨나며 특정 수행 능력이 향상된다는 연구 결과들도 잇달아 발표됐다. 일본 도호쿠 대학 연구팀은 기능성 자기공명영상(fMRI)을 이용해 아무런 생각을 하지 않을 때의 뇌 혈류 상태를 측정했다. 그 결과 백색질의 활동이 증가되면서 혈류의 흐름이 활발해진 실험 참가자들이 새로운 아이디어를 신속하게 내는 과제에서 높은 점수를 받은 것으로 나타난 것이다. 이는 뇌가 쉬게 될 때 백색질의 활동이 증가되면서 창의력 발휘에 도움이 된다는 것을 의미한다.

하지만 멍한 상태 자체가 반짝이는 아이디어를 만들어준다고 생각해선 안 된다. 문제에 대한 배경 지식과 그를 해결하려는 진지한 고민이 있어야만 그 같은 달콤한 결실을 거둘 수 있기 때문이다. 아르키메데스의 경우에도 평소의 배경 지식과 문제를 해결하려는 절박함이 있었기에 목욕탕의 물이 넘치는 것을 보고 유레카를 외칠 수 있었으며, 사과나무 아래서 만유인력의 법칙을 발견한 뉴턴 역시 그런 경우이다. 다시 말하면, 뇌는 준비된 자에게만 멍 때리기를 통해서 베푼다고나 할까.

학창 시절에 온종일 공부만 하는 친구들의 성적이 잘 나오지 않는 경우를 본 적이 있다. 그 친구들은 회상 효과를 알지 못하고 무조건 책만 붙들고 있었기 때문에 성적이 오르지 않았던 것이다. 이따금 멍 때리는 아이들에게 너무 잔소리하지 말고, 멍 때리는 남편을 보면서 한

숨짓지 말기를 집사람이 이해해줬으면 좋겠다. 하지마라는 일은 다 재미있다.

에덴 동산에서 아담과 이브는 따먹지 말라는 선악과를 왜 따먹었을까? 판도라는 왜 하늘로부터 가지고 온 상자를 열지 말라는데 왜 굳이 열어보았을까? 프지케는 밤에 촛불을 켜지 말라는 왕자의 말을 듣지 않고 왜 촛불을 켰을까? 담벼락에 가위가 그려져 있는 곳에는 왜 소변 냄새가 가시지 않을까?

〈톰 소여의 모험〉에서 아이들은 왜 톰 소여에게 속아서 페인트칠을 했을까?

하지 말라는 일은 더 호기심을 갖게 되고, 하지 말라는 일은 모두 재미있게 느껴지기 때문이다.

"애들아! 하지 말라고."

"그만 하라니까."

그래도 안되면 집사람의 카운트다운이 시작된다. 애들은 그래도 쉽게 멈추지 않는다. 곧 있을 재앙이 무서울 법도 한데 그것은 아랑곳하지 않고 거실을 뛰어다니며, 날라 다니면서 난리를 친다.

"하나, 둘, 셋"

그리고 집사람의 불호령과 함께 애들의 곡소리(?)가 들린다.

화장실 낙서를 연구하기 위해 미국의 심리학자 페니 베이커와 샌더즈는 화장실 벽에 부드러운 금지의 표현으로 '낙서하지 마세요대학자치부장'과 강한 금지의 표현으로 '낙서 엄금대학보안부장'이라고 써붙여 놓았다. 그리고 화장실에 낙서하는 양을 비교해보았더니 강한 표현으로 금지해 놓은 화장실에 더 많은 낙서를 남겨놓았다.

아이들에게 '~하지 마라', '~해라'라는 말은 과연 얼마나 효과가 있을까? 대개의 부모들은 즉각적인 효과를 기대하면서 아이들의 행동을 일일이 지시하고 가르쳐준다. 그러나 아이들에게는 훈시적 가르침보다는 아이들에게 긍정적인 자기상을 심어주는 것이 훨씬 더 효과적이라는 연구들이 많다(Miller 등, 1975).

주위를 잘 어지럽히는 아이들에게 선생님이나 부모가 어지럽히는 행동을 하지 말라고 이야기해주거나(훈시집단), 너희들은 착하니까 어지럽히지 않을 것이라고 이야기해주었다(긍정적 자기상 부여집단). 다른 한 집단의 아이들은 두 집단과 비교를 위해 선정되었으나 아무런 조치를 취하지는 않았다(통제집단). 그 결과 훈시집단과 긍정적 자기상 부여 집단의 아이들 모두 어지럽히는 행동이 줄어들었다. 그러나 긍정적 자기상 부여집단의 아이들은 시간이 지나도 어지럽히는 행동이 줄었지만 훈시집단은 그렇지 않았다. 훈시집단의 아동들은 처음 10일까지는 어느 정도 효과가 있었지만 시간이 경과하자 처음과 같은 수준으로 어지럽히는 행동을 하였다.

그러므로 아이들에게는 '~를 하지 마라', '~를 하라'와 같은 지시적 언어보다는 '너는 할 수 있다', '너는 착한 아이다'와 같은 긍정적 언어를 사용하며 자기에 대해 긍정적인 자기상을 심어주는 것이 행동을 변화시키는 데 효과적이다.

사람들은 겁을 주면 겁을 주는 사람이 자기보다 힘이 세거나 영향력이 있을 경우 겁을 주는 사람에게 복종한다. 겁을 주는 사람이 부모이든, 교사이든, 깡패이든지 사람들은 위협을 받으면 마음까지는 아니더라도 최소한 행동은 바뀐다. 그렇다면 마음까지 바꾸게 하려면 보다 더 강한 위협을 주어야만 하는 것인가? 그렇지 않다. 태도를 바꾸게 하는 데는 오히려 약한 위협이 효과적이다.

사람들에게 어떤 일을 하지 못하도록 하는 가장 간단한 방법은 상대방을 처벌할 것이라고 위협하는 것이다. 처벌받을 것이라는 위협을 받을 경우 사람들의 행동은 다소간의 차이는 있겠지만 태도와 행동이 변한다.

아이들이 말을 듣지 않으면 부모들은 아이들에게 야단을 치거나 회초리를 들어 위협을 주고, 교통법규를 지키지 않으면 법에 따라 처벌을 하고, 학교 규칙을 지키지 않으면 규칙에 따른 제재를 가한다. 이러한 모든 것들은 상대방을 위협함으로써 태도와 행동을 변화시키려는 시도들이다.

그렇다면 이러한 위협은 어느 정도 강해야 효과가 있는가? 이러한 물음에 답하기 위해 애론슨과 칼스미스(Aronson & Carlsmith), 프리드맨(Freedman)은 아동들을 대상으로 일련의 실험을 하였다.

실험자들은 아이들에게 한 소쿠리 가득 장난감들을 보여주고 나서, 그것들 중 하나의 장난감은 가지고 놀지 못하게 하였다. 아이들은 그 특정의 장난감을 가지고 놀면 약한 처벌(약한 위협조건)이나 심한 처벌을 받게 될 것이라는 위협을 받았다(강한 위협조건). 그 결과 아이들은 약하거나 심한 처벌의 위협을 받은 것과는 상관없이 모두들 장난감을 가지고 놀지 않았다. 그것은 두 조건의 위협들이 그러한 행동을 못하도록 하기에 충분히 강했기 때문이다.

그런 다음 두 조건의 아이들에게 금지된 장난감을 어떻게 생각하는지 물어보았다. 그랬더니 약한 위협을 받은 아동들은 그 장난감이 별로 재미 없다고 평가절하하였다. 그것은 아동들이 약한 위협 때문에 장난감을 가지고 놀지 못한 것이 아니라 장난감이 재미없기 때문이라고 해석했다. 반면에 강한 위협을 받은 아동들은 그러한 평가절하는 하지 않았다. 단지 위협 때문에 그 장난감을 가지고 놀지 못한 것이지 장난감이 재미없어서 가지고 놀지 못한 것은 아니라고 해석했다.

실험이 지나고 몇 주 후에 아이들이 장난감을 가지고 노는 것을 관찰하였더니 약한 위협을 받았던 아이들은 강한 위협을 받았던 아이들보다 금지된 장난감을 더 가지고 놀지 않았다.

하지 말라는 일은 다 재미있다. 이러한 실험 결과들은 아동들의 태도와 행동을 변화시키는 데 있어 처벌의 위협이 반드시 클 필요가 없음을 보여주었다. 결국 태도와 행동은 최소한의 위협을 받을 때 가장 효과적이었다.

이러한 현상은 성인들에게도 적용된다. 만약 어떤 죄를 저질렀는데 죄에 합당한 처벌이 아닌 중형을 내린다면 그 죄수는 자신의 태도와 행동을 변화시키기보다는 오히려 더 반발함으로써 약한 처벌을 받을 때보다 더 많은 죄를 지을 수 있다. 어떤 죄를 처벌하거나 다른 일을 하지 못하게 할 때는 무조건 강한 처벌만이 능사는 아니라는 사실을 염두에 두어야 할 것이다.

특히 창의성 교육에서는 부드러운 것이 강한 것을 이길 수 있음을 알아야 한다. 강압적이거나 지시적인 명령보다는 자발적으로 선택하고 계획하고 실행할 수 있는 분위기를 만들어주고, 아이들의 자긍심을 높여주는 말이 효과적일 수 있음을 잊지 말아야 할 것이다.

동기부여 특성 검사

다음은 자녀의 동기부여 특성을 알아보기 위한 질문지입니다. 자녀와 함께 앉아 테스트를 시작해 보십시오. 어머니가 문항을 읽어 주시고 자녀의 대답을 기록하면 됩니다. 먼저 질문지의 각 문항에서 가장 가깝다고 생각하는 번호의 (　)에 "O"표 하세요. 20문항이 다 끝나면 뒷 부분의 채점표에 옮겨 기록하여 주십시오.

예) 1. 우리 아이는 부모의 말을 잘 따르는 편이다.

① 예 (O) ② 아니오 (　　)

▶ **무관심형(방임적) 양육 태도무책임한 부모, 혼돈 속에 빠진 아이**

무관심형의 양육 태도를 가지고 있는 부모는 아이에 대한 통제도 거의 없으며 아이에 대한 애정도 약한 편입니다. 이런 부모는 부모의 역할을 포기하다시피 했다고 해도 지나친 말이 아닙니다. 아이와 접촉을 회피하고 아이의 행동과 욕구에 대해 무관심하며 거부적입니다. 아이와의 상호작용은 단지 부모 자신의 위안과 죄의식을 덜기 위해 이루어지며 아이에게 일관성 있는 훈육을 시키지도 않습니다. 모성과 부성의 부족 때문인지 배우자에 대한 불만 때문인지, 원치 않는 아이를 가졌기 때문인지 이렇게 아이를 방치하듯 키운다면 아이의 발달에 큰 문제가 생길 수 있습니다.

이런 유형의 자녀들은 성장하면 다른 사람들에게 적대적이고 공격적이며, 다른 사람들에게 복종하려는 경향이 낮기 때문에 사회생활에 문제가 나타날 수도 있습니다. 스스로 자신을 존중하는 자아 존중감이 낮고, 자기에 대한 인식이 부정적이기 때문에 자기 학대, 타인 학대와 같은 일탈 행동으로 나타날 수 있습니다. 아이를 어떤 관점에서 어떤 기준으로 길러야 할지를 좀더 확고하게 하셔야 합니다. 그러나 무엇보다 중요한 것은 아이에 대한 애정과 책임감을 더욱 더 강하게 가져야 할 필요성이 있습니다. 필요하다면 자신의 문제를 전문가와 상담해보시는 것도 좋을 듯합니다.

1. 하고 싶은 일을 스스로 결정하는 편이다.

　　① 예(　　) 　　② 아니오(　　)

2. 용돈이나 칭찬을 바라고 심부름을 한다.

① 예(   )   ② 아니오(   )

3. 호기심이 많아 질문을 많이 한다.

① 예(   )   ② 아니오(   )

4. 부모님이나 선생님의 눈치를 많이 보는 편이다.

① 예(   )   ② 아니오(   )

5. 어떤 일에 빠지면 시간 가는 줄 모르고 빠져들 때가 많다.

① 예(   )   ② 아니오(   )

6. 무슨 일을 하든지 칭찬을 받으면 신바람이 나서 더 잘 한다.

① 예(   )   ② 아니오(   )

7. 어떤 놀이나 일이 재미있고 즐거워서 할 때가 많다.

① 예(   )   ② 아니오(   )

8. 친구나 형제들 간에 경쟁심이 강하다.

① 예(   )   ② 아니오(   )

9. 기발하고 엉뚱한 생각을 얘기할 때가 많다.

① 예(   )   ② 아니오(   )

10. 전에 해보지 않았던 놀이나 일을 하는 것을 좋아하지 않는다.

① 예(   )   ② 아니오(   )

11. 자신이 그린 그림이나 만든 장난감이 만족스럽지 못하면 실망한다.

① 예(   )   ② 아니오(   )

12. 어려운 문제를 풀 때 다른 사람들이 도와주면 신바람이 난다.

① 예(   )   ② 아니오(   )

13. 새로운 장난감이나 새로운 것에 대한 관심이 많다.

① 예(   )   ② 아니오(   )

14. 자기가 한 일을 다른 사람들에게 자랑하는 일이 많다.

① 예(   )   ② 아니오(   )

15. 스스로 계획을 세워서 실천하는 일이 있다.

① 예(   )   ② 아니오(   )

16. 어려운 문제보다는 쉬운 문제를 더 좋아한다.

① 예(   )   ② 아니오(   )

17. 나중에 크면 어떤 사람이 될 것이라는 생각이 분명하다.

① 예(   )   ② 아니오(   )

18. 유명한 사람이나 연예인같이 다른 사람들에게 알려지는 것을 좋아한다.

① 예(   )   ② 아니오(   )

19. 이야기나 텔레비전의 주인공을 흉내 내는 일이 많다.

① 예(   )   ② 아니오(   )

20. 선물이나 용돈을 준다고 하면 재롱을 잘 떤다.

① 예(   )   ② 아니오(   )

채점표

문항	가	문항	나
1	① 예 ② 아니오	2	① 예 ② 아니오
3	① 예 ② 아니오	4	① 예 ② 아니오
5	① 예 ② 아니오	6	① 예 ② 아니오
7	① 예 ② 아니오	8	① 예 ② 아니오
9	① 예 ② 아니오	10	① 예 ② 아니오
11	① 예 ② 아니오	12	① 예 ② 아니오
13	① 예 ② 아니오	14	① 예 ② 아니오
15	① 예 ② 아니오	16	① 예 ② 아니오
17	① 예 ② 아니오	18	① 예 ② 아니오
19	① 예 ② 아니오	20	① 예 ② 아니오

채점	'예'의 개수	채점	'예'의 개수
점수		점수	

※ 1. 채점표의 "가"와 "나"의 세로 열에서 '예'의 개수를 더해 점수 칸에 기록하
   여 주십시오.

  → 내적 동기부여 유형 : "가"열의 점수가 "나"열의 점수보다 클 때.

  → 외적 동기부여 유형 : "가"열의 점수가 "나"열의 점수보다 작을 때.

2. 만약, "가"와 "나"의 점수가 같다면 동기부여 유형이 뚜렷하지 않다는 것을
   의미합니다.

창의성은 돈과 승진 같은 외적 동기부여로도 일어날 수 있지만, 더욱 중요한 것은 내면의 가치, 일의 즐거움, 하고 싶어하는 일, 자존심, 성취 욕구와 같은 내적 동기부여로 일어날 때 더 활활 타오릅니다. 에이머빌(T. M. Amabile)은 창의성에는 전문성(expertise), 창의적 사고력(creative thinking skills), 동기부여(motivation)가 중요하다고 주장하면서 특히 동기부여를 강조했습니다. 동기부여란 내·외적인 자극에 의해 어떤 일을 하고자하는 욕구를 불러일으키는 자극 또는 과정이라고 정의할 수 있으며, 외적 동기부여(external motivation)와 내적 동기부여(internal motivation)로 구분할 수 있습니다. 동기부여 특성 검사는 에이머빌 박사와 톰 우젝의 이론을 근거해 제작한 것입니다.

▶ 외적 동기부여

외적 동기부여를 하는 사람들은 평가, 보상, 경쟁, 제한, 직접적인 유인과 강화, 강요에 의해 움직입니다. 이러한 유형의 동기부여는 창의성의 발달이나 성취에 별도 도움이 되지 않습니다. 오히려 창의성 발달과 창의적 활동을 저해합니다. 돈을 보고 직장을 선택하는 사람, 돈을 따라 움직이는 벤처 연구가, 상대방으로부터 강화를 받기 위해서 하는 사랑, 상사의 평가 때문에 움직이는 세일즈맨, 남보다 한발 앞서 나가기 위해 경쟁하는 사업가는 창의적이지 못하고 창의적인 결과를 생산하지 못합니다.

▶ 내적 동기부여

내적 동기부여를 하는 사람들은 새로운 것 이상한 것에 스스로 흥미를 느끼고, 탐구적, 자발적으로 문제 해결의 과정을 전개하는 활동에서 창의적인 태도, 기능, 성과가 두드러지게 나타납니다. 내적으로 동기 부여된 사람들은 마음이 열려 있고, 수용적이며 존중받는 학습 분위기와 가정 분위기에서 가장 자신다워지고 창의적인 존재로서 성장합니다. 남들의 눈치로부터 자유롭고, 허례허식으로부터 자유로우며, 외적 보상과 경쟁보다는 내적 보상과 성취감에 따라 움직이며, 풍부한 자료를 접할 기회를 갖고, 스스로 세운 목표와 계획을 실험하고 탐색하고, 여러 가지 상황을 경험하고, 스스로 기준을 세워서 자신의 활동과 결과를 평가합니다. 내적 동기화는 밖으로부터 주어지는 수용적인 것이 아니며, 안으로부터 피어나고 스스로 동기화되는 자발적인 활동입니다.

4장

Crisis – 참고 또 참아라!

우리 아이 미래는
5세에 결정된다

고운 5세, 미운 7세라는 말도 옛말이다. 이제 만으로 5세만 되어도 할 말 다하고, 알 것 다 안다. 그러나 아이들의 발달에 결정적인 시기, 내지는 전환점(turning point)는 7세 무렵이다.

정신분석은 성격발달에 대한 이론이자 인간 본성에 관한 철학이며 심리치료의 한 방법이다. 정신분석은 인간에 대해 두 가지 가정을 가지고 있다. 하나는 결정론이며 다른 하나는 정신세계에서의 무의식의 역할이다. 프로이트는 인간 행동이 본능과 어렸을 때의 경험에 따라 결정된다는 결정론을 취하고 있고, 빙산의 대부분이 물속에 잠겨 있듯 마음의 대부분은 우리가 평소에는 의식할 수 없는 무의식 속에 잠겨 있다는 입장을 취하고 있다.

프로이트는 인간의 정신과 행동이 무의식적 동기, 생물학적 욕구 및 충동과 같은 본능, 그리고 생후 7년간의 생활 경험에 의해 결정된다고 보았기 때문에 정신분석 치료나 상담도 그러한 점에 바탕을 두고 이루어진다.

프로이트의 정신분석은 기본적으로 몇 가지 가설을 가지고 있다. 가설이란 어떤 현상에 관한 잠정적인 결론으로, 프로이트의 정신분석은 기본적으로 세 가지 가설을 세워 놓고 있다.

첫 번째 가설은 정신 결정론이다. 정신 결정론이란, 인간의 심리도 자연계와 마찬가지로 우연한 현상이란 없으며, 모든 정신적 상황은 그 전에 일어난 정신적 사건에 의해 결정된다는 관점이다. 그렇기 때문에 사람들의 정신세계, 특히 성격은 어린 시절의 경험이나 이전의 정신 경험이 중요하며, 7세 전후의 경험이 매우 중요하다. 이 시기에는 부모와의 갈등 속에 성격도 형성되지만, 성 정체성도 확립되는 시기이기도 하다. 이 시기에는 인지발달도 구체적 조작기에 접어들면서 우뇌 발달 민감기에서 좌뇌 발달 민감기로 넘어가기 시작하며, 도덕성 발달에서도 옳고 그름을 알기 시작한다. 그래서 거짓말도 하기 시작하고 죄의식을 느끼기도 한다.

두 번째 가설은 무의식 가설이다. 인간의 정신세계는 언뜻 아무런 연관이 없는 것 같은 현상들도 의식의 기저에서는 인과관계로 얽혀 있으며, 그러한 세계가 바로 무의식의 세계인 것이다. 정신 세계의 대부분은 이러한 무의식 세계에서 일어나며, 의식 세계로 나타나는 것은 물위로 나타나 있는 빙산에 일각에 지나지 않는 것이다.

셋째, 목표 지향성 가설이다. 인간의 정신 활동은 동기와 목표를 가지고 있는데, 인간의 정신 활동은 주위 세계의 어떤 것에 의해 결정되는 것이 아니라 인간의 정신 속에 깃든 행동의 동기나 목표에 따라서 결정된다는 것이다. 그렇기 때문에 인간이 출생한 날부터 어떠한 목표를 가지고 어디로 향하는지를 알기 위해서는 발달 단계적으로 인간을 연구해야만 한다.

이러한 가설에 따라 프로이트 정신분석은 과거를 중시하고, 무의식을 강조하며, 발달단계에 따른 변화를 중시한다.

발생학에서 '결정적 시기'라고 부르는 시기가 있다. 오리와 같은 조류는 태어난 지 12시간에서 18시간에 처음으로 움직이는 대상을 어미라고 생각하고 졸졸 쫓아다닌다. 아름다운 비행에서 기러기는 주인공을 어미로 생각하고 여행을 한다. 사람의 결정적 시기는 딱히 정해져 있지만 애착은 민감기는 12개월~18개월 사이에, 성격은 프로이트의 유아 정신 결정론에 따르면 5세 전후에 결정된다.

5세 전후를 프로이트는 리비도(심리성욕적 에너지)의 위치에 따라 남근기(음핵기, 오이디푸스기라고도 불림)라 부르는데 이 시기에 남아와 여아가 부모와의 관계 속에 중요한 성격을 형성한다는 것이다.

이런 현상은 단지 성격뿐만 아니라 다른 감각 기관의 발달에서도 결정적 시기로 본다. 출생 이후 5세 전후에 시각, 청각, 평형 유지 등 감각 기능은 물론 언어 표현 등이 급격하게 성숙해지는 시기다. 뇌과학 관점에서 보면 해당 신경계가 확립되는 시기다.

신경계는 태어날 때 아주 혼란스럽고 무질서하다. 거기에 영양과 경험, 환경의 영향으로 네트워크가 형성되면서 시냅스(신경 연접)가 형성되고, 다른 신경세포들과 합쳐지며 뇌 발달이 일어난다.

이 시기에 뇌는 일생 중 가장 많은 시냅스를 가지고 있고 두 눈으로 한곳을 또렷이 볼 수 있는 양안시가 확립되어 엄마, 아빠를 알아보게 된다. '엄마' '아빠'라는 언어와 단어의 조합도 이 시기에 이루어진다. 인간과의 접촉 없이 야생에서 자라다 12세에 발견돼 인간 세계로 돌아온 '아베이론의 빅터'는 전문가로부터 언어 치료를 받았지만, 말을 배우는 데 실패하였다. 반면 청각장애인이라도 5세 전후부터 언어를 배운다면 충분히 일상생활이 가능하다. 과학자들은 이런 연구를 토대로 결정적 시기에 언어를 배우지 못한다면 뇌에서 언어 신경계가 발달하지 않아 언어 습득이 어렵다고 보고 있다.

음악성도 이 시기와 관련이 있다. 어떤 사물을 두드려 나는 소리를 음으로 구별해 들을 수 있는 사람을 '절대음감이 있다'고 한다. 위스콘신대학 연구팀의 연구 결과 우리 모두는 절대음감을 갖고 태어나지만 약 6세 전에 어떤 환경에 노출되느냐에 따라 절대음감이 남아 있느냐가 결정된다고 한다. 아이가 언어를 배우면서 차츰 절대음감을 잃지만 어린 시절부터 음악에 계속 노출된다면 절대음감을 유지할 수 있다.

태아는 청각이 완전히 발달되지 않았어도 배 속에서 소리를 듣고 엄마인지 아닌지를 구분해 내며, 엄마의 노래를 듣고 기억할 정도로 똑똑하다. 아기들은 엄마가 말하는 '아기야' '봄봄아'라는 단어를 듣는 것이 아니라 성조, 억양, 리듬, 음정 등 엄마의 말을 마치 음악처럼 절대음감으로 인지한다고 한다. 이렇듯 결정적 시기에 타고난 천재성을 잊지 않도록 유지해 주는 것이 중요하다. 만약 아이가 뚜렷한 능력이 돋보이면 전문기관에 보내 영재교육을 받는 것도 좋다. 하지만 자칫 뇌 발달 시기에 맞지 않는 교육을 받는 바람에 타고난 천재성을 잃어버릴 수도 있으니 조심해야 한다.

어떻게 아이를 영재로 만들 수 있을까? 경향신문에 기고한 하창남 교수에 따르면 여러 연구 결과를 종합하면 영재는 일반 아이에 비해 전두엽을 비롯한 뇌 여러 부위의 기능이 우수하고, 뇌 부위 간의 교류가 활발하며, 다양한 일들이 갖는 복잡성에 대한 이해도가 높다고 한다. 즉 아이의 뇌를 이렇게 발달시키는 것이 최고의 교육일 것이다.

캐나다 미니 교수의 연구에 의하면 쥐는 태어나서 초기 일주일 동안(결정적 시기) 어미에게 잘 보살핌을 받으면 그렇지 않은 쥐에 비해 뇌 해마 부위에서 신경의 성장이 증가되었고 인지능력이 높아졌다. 해마는 배우고 기억하는 일들을 담당하는 곳이다. 미국 브라운대학의 와타나베 교수팀도 MRI를 이용한 연구를 통해 무언가를 배울 때 활성화된 뇌 영역은 새로운 것을 기억하기 쉬운 상태로 되지만, 반복 학습을 통해 뇌 특정 부위에 기억을 고정하는 동안에는 새로운 과제의 학습효과가 높지 않다는 사실을 발견하였다.

결국 영재교육은 ①어렸을 때 부모로부터 사랑을 많이 받아야 하며 ②자녀 스스로가 흥미를 가져야 하고 ③뇌가 기억을 저장할 수 있는 시간적 여유를 주는 것이 좋다. 그리고 ④잠을 충분히 자야 한다. 뇌는 잠자는 동안 기억을 재정리하고 노폐물을 제거해 신경세포가 손상되지 않도록 보호해 준다. 7세는 성격, 두뇌 특성, 영재성이 결정되는 중요한 분기점이다. 이 시기의 교육이나 경험, 부모와 관계, 형제 관계, 사회적 발달, 신체 발달, 두뇌 발달을 잘해야 아이의 미래가 밝아진다.

정서지능(EQ)은
5세 무렵부터 발달한다

사람의 뇌는 세 부분으로 분류된다. '파충류의 뇌'라고 불리는 뇌간 (brain stem), '포유류의 뇌'라고 불리는 변연계(limbic system), '영장류의 뇌'라고 불리는 전두엽(frontal lobe)이 그것이다.

인간의 뇌는 3층 구조를 가지고 있다. 맨 먼저 생기는 파충류의 뇌는 뇌의 뒷부분부터 발달하여 가장 깊숙한 곳에 위치한다. 포유류의 뇌는 파충류의 뇌를 둘러싸고 중간에 위치하고, 인간의 뇌, 즉 영장류의 뇌는 가장 늦게 발달하지만 파충류의 뇌, 포유류의 뇌를 포함한 세 가지 뇌 구조 층을 모두 가지고 있다.

가장 먼저 생명과 직결되는 파충류의 뇌인 뇌간과 연수가 두뇌의 후두부에서 태아 때부터 발달하기 시작해 2세 무렵까지 발달하고, 감정과 기억력, 정서 조절 능력 같은 정서적 기능을 담당하는 포유류의 뇌인 해마, 변연계, 편도핵 등이 3~7세 무렵 발달한다. 그 후 점차 경험과 학습에 따라 고등정신영역과 판단력, 충동조절능력 등을 담당하는 영장류의 뇌인 전두엽과 대뇌피질이 초기 성인기까지 발달한다.

뇌 발달에서도 감정과 기억, 정서와 관련된 EQ(정서지능) 영역은 5세 무렵이 중요한 결정적 시기다.

'파충류의 뇌'인 뇌간은 뇌 전체에서 좌우의 대뇌반구 및 소뇌를 제외한 나머지 부분으로 뇌와 척수를 이어주는 줄기 모양의 구조다. 음식을 먹고 잠을 자고 숨을 쉬고 체온과 맥박을 조절하는 생명 유지 역할을 하며, 우리는 뇌간이 완성된 상태로 태어난다. 뇌간을 '파충류의 뇌'라고 부르는 이유는 기능과 구조가 파충류와 비슷하기 때문이다.

'포유류의 뇌'인 변연계는 해마, 편도체, 중격, 변연 피질 등 간뇌를 둘러싸는 가장자리를 말하며, 감정과 정서반응, 성욕과 식욕, 기억과 느낌, 분노와 공포 등 심리와 정서를 주로 담당한다. 완성된 상태로 태어나는 뇌간과 달리, 사춘기 때에 이르러야 뇌의 중간 부분에 있는 감정의 뇌가 완성된다. 개나 고양이 같은 포유류는 대부분 좋아하고 싫어하고 놀라고 두려워하고 슬퍼하고 기뻐하는 감정을 느끼기 때문에 '포유류의 뇌'라고 부른다.

'영장류의 뇌'인 전두엽은 대뇌반구의 앞쪽에 위치하며, 학습하고 사고하고 판단하고 감정과 충동을 조절하는 역할을 맡는다. 우리가 글과 말을 배우고 익혀 사용하고, 청소를 하고 정리정돈을 하고, 직업을 가지고 경제적인 부를 쌓고, 책을 출판해 인류의 성과물을 후세에 남기고, 이성적으로 판단하고 결과를 예측하며 감정을 조절할 수 있는 것은 전두엽의 기능 덕분이다. 인간을 다른 동물과 구분하게 해주고 '사람답게' 해주는 고차원적인 역할을 하므로 '영장류의 뇌'라고 한다. 전두엽의 경우 여성은 20대 중반, 남성은 30세 정도가 되어서야 완성된다.

어떤 생물체든 일단 살아남아야 하기 때문에 가장 본능적인 것은

'파충류의 뇌'가 맡고, 감정 등은 '포유류의 뇌', 가장 고차원적이고 장기적인 것들은 '영장류의 뇌'가 담당한다. 그런데 뇌과학은 재미있는 연구결과를 내놓았다. '영장류의 뇌'인 전두엽의 계획을 '포유류의 뇌'인 변연계가 방해한다는 것이다. 전두엽에서 이성적으로 사고해서 계획을 세우면 '포유류의 뇌'의 본능이 '영장류의 뇌'에게 '쉬운 거 해, 편안하게 해.' 하면서 본능적으로 합리화시키고 훼방을 놓는다.

파충류의 뇌부터 발달하는 인간의 뇌는, 포유류의 뇌 발달이 5세 무렵에 어느 정도 완성되면서 영장류의 뇌가 발달하기 시작한다. 영장류의 뇌 발달은 좌뇌와 우뇌 발달을 포함해 7세 무렵 왕성한 발달을 시작한다.

인지발달을 연구한 삐아제는 아이들이 태어나면 감각운동기, 전조작기를 거쳐 7세 무렵 구체적 조작기를 거치게 되는데 이때가 아이들의 두뇌 발달이 가장 활발한 시기이다. 그리고나서 12세 무렵이 되면 형식적 조작기를 거치면서 고등적인 사고 영역 발달이 시작되어 청소년기까지 이어진다. 이 시기에 다양한 경험과 심리적 안정감이 있어서 도전적이고 창의적인 아이로 발달할 수 있기 때문에 부모들이 가장 관심을 가져야 할 시기가 7세 무렵이다.

코치가 싫어서
수영이 싫다

일주일에 한 번 수영을 다니던 큰아들. 마스터 과정만 끝나면 자유형 접영 배영 평영 모든 영법을 마스터하는 7단계를 모두 마칠 수 있는데 갑자기 수영을 하기 싫단다.

애기인 즉슨. 수영 코치가 열심히 하지 않고 요령을 핀다고 별로 쉬지 않고 수영을 시켰다는 것이다. 그래서 힘도 들고 재미도 없어서 그만 끊겠다고 한다. 일차로 집사람이 수영 코치에게 전화를 했다.

새로운 수영코치가 의욕이 넘치고, 신참이라서 아이들을 잘 다루지 못했던 게 원인이었다. 책임감이 있으니 일단 맡은 아이들이 레벨 테스트에 통과시키는 것이 가장 중요한 목표였던 것이다.

"규민이는 수영선수 할 게 아니니까 너무 세게 하지 마시고, 쉬엄쉬엄하게 해주세요."

그리고 규민이를 설득해서 보냈더니 몇 번 더 다니다가 그만 두겠단다. 그래서 그러라고 했다. 레벨 테스트 할 때 따라가 봤더니 정말 나보다도 훨씬 잘하고 물에 빠져도 살아나올 정도는 되는 것 같아서 그 정도면 그만 둬도 되겠다 싶었다.

이경수 군은 수학 선생님이 너무나도 싫다. 수업 시간마다 매일 앞으로 불러 문제를 풀게 하고 못 풀면 창피를 주거나 회초리로 때리기 때문이다. 어느샌가 이 군은 수학 선생님이 보기도 싫어졌고, 그 선생님이 하는 말이라면 뭐든지 밉게만 들렸다. 그러다 이 군은 결국 수학을 포기하고 말았다. 수학 교과서만 봐도 그 선생님이 떠올라 수학 공부가 지긋지긋해졌다.

아무리 좋은 이야기도, 싫어하는 사람이 전달한다면 내 귀에 잘 들어오지 않는다. 어쩌다 귀에 들어올지라도 그 사람에 대한 나쁜 감정과 엮여 그가 하는 모든 이야기가 싫어진다. 이경수 군이 수학 선생님의 모든 이야기를 싫어하게 된 것처럼 말이다. 이러한 현상은 의사 전달자와 의사전달 내용 간에 감정 전이가 일어났기 때문에 발생하는 커뮤니케이션의 독특한 매개 과정이다.

감정전이란 어떤 대상(사람 또는 사물)에 대해 가지고 있는 태도나 감정이 그 대상과 함께 나타나는 다른 대상에게로 옮겨가는 현상을 말한다. 가령, 어떤 모델에 대한 호감이 그 모델이 선전하는 제품으로 옮겨가서 광고 효과도 높아지는 현상이 여기에 속한다.

사람들은 언어적 동물이다. 언어를 통해 상대방에게 자기의 감정이나 생각을 표현하고, 상대방의 태도에 영향을 미치고, 상대방을 설득하고자 한다. 이러한 과정이 '커뮤니케이션'이다. 커뮤니케이션은 주로 메시지를 학습하거나, 의사 전달자에게 감동하여 그 사람의 말을 받아들이거나, 받아들인 정보와 자신의 태도를 일치시키려고 하는 등의 적극적인 과정에 의해 일어난다.

그러나 이경수 군의 사례에서 보듯, 커뮤니케이션은 연합되어 있는 두 개의 대상, 즉 의사 전달자와 의사전달 내용에 대한 '감정'으로부터 영향을 받아 이루어지기도 한다. 특히 어떤 사람이 의사 전달자이고, 그 사람에 대해 자신이 어떤 태도를 가지고 있는지에 따라 태도변화의 효과는 매우 달라진다. 이렇게 어떤 대상에 대한 미움과 그 대상이 가르치는 과목이 짝을 짓게 되면 감정전이가 일어나 그 과목을 싫어하게 되는데 이런 현상을 학습심리학에서는 조건형성(conditioning) 학습이라고 한다. 학습 이론을 이용한 가장 대표적인 광고 유형은 고전적 조건형성(classical conditioning)을 활용한다.

가령 배고픈 강아지에게 밥은 무조건적으로 침샘을 자극함으로써 타액(침-무조건 반응)을 분비하도록 한다. 이후 밥을 주기 전에 먼저 벨을 울리고서 밥을 주기 시작하면 나중에는 벨 소리만 들어도 침을 흘리는 원리이다. 이용하는 방법이 고전적 조건 형성을 이용한 광고다.

1단계 : 밥(무조건 자극)→침을 흘림(무조건 반응)

2단계 : 밥 + 벨(중성 자극)→침을 흘림(연합을 통한 조건 형성)

3단계 : 벨(조건 자극)→침을 흘림(조건 반응)

이렇게 아이가 어떤 대상이 싫어서 그 과목을 싫어한다면 탈조건형성, 즉 역조건 형성을 시켜주어야 한다. 가령, 싫어하는 선생님이 아이가 좋아하는 것을 주도록 하거나 아이가 좋아하는 칭찬이나 인정을 해주도록 하는 것이다. 아니면 아이가 놀기 좋아하면 보상으로 놀게 해주는 것도 방법이다. 그렇게 해도 안 될 경우에는 포기할 수밖에.

아이의
공포심 관리

둘째 아들 규연이는 형아를 따라 집 근처 수영장을 갔다.

형아도 잘 다니고 있고, 둘째도 첫날 다녀와서는 재미있다고 그러니 다행이다 싶었다. 세월호의 아픔 때문인지 생존 수영이라는 게 유행한다는데 박태환처럼 되지는 않더라도 자기 몸 하나라도 추스를 수만 있다면 얼마나 다행일까? 그런데 수영장에 두 번째 다녀온 날 규연이는 수영장엘 절대로 가지 않겠단다. 아니 죽어도 가지 않겠단다. 둘째 아들 규연이가 울면서 말한다.

"물이 무서워 도저히 갈 수가 없단 말이예요!"

"아니 왜 재미있다면서!"

"물에 빠져 죽을 뻔했단 말야!"

애들 엄마가 수영장에 전화해서 물어보니 규연이가 풀장에서 가지 말아야 될 선을 혼자 넘어갔다가 빠져서 허우적거렸고 물을 조금 먹었단다.

그 후 2년이 지나고 형이 수영을 자유형, 배형, 접형, 평형까지 잘하고 매 단계 인증서도 받고 하니까 요즘은 "아빠! 나도 수영을 배울까요!”그런다.

　사실 주변에 보면 의외로 수영을 못해서 강이나 바다보다는 산을 찾는 사람들이 많다. 이러한 물에 관한 공포를 심리학에서는 ‘물공포증(hydrophobia)’라고 한다. 공포증(Phobia)라는 말의 어원은 그리스 신화에서 찾아볼 수 있다. 전쟁의 신 아레스에게는 두 명의 아들이 있는데, 아레스는 이 두 아들을 항상 거느리고 다닌다. 포보스와 데이모스가 바로 이들인데, 그 중에 포보스라는 말은 ‘공포’를 뜻하는 것으로 영어의 ’포비아(phobia)’가 여기서 나온 말이다. 공포증은 그 종류가 매우 다양하다. 물을 두려워하는 ‘hydrophobia(공수증), 높은 곳을 두려워하는 acrophobia(고소공포증)를 비롯해 사람을 만나면 불안해서 사람들과 만나기를 꺼리는 대인공포증, 다른 사람들 앞에 나서기를 두려워하는 무대 공포증, 끝이 뾰족한 것에 대한 선단 공포증, 이성 공포증, 폐쇄공포증 등 그 대상에 따라 헤아릴 수 없을 정도로 많다.

　불안이 특별히 두려움을 주는 대상이 없이도 나타나는 불안정한 감정 상태를 나타낸다면, 이러한 불안이 특정한 대상에 결부되었을 때 나타나는 두려운 감정이 바로 ‘공포’다. 보통 사람 누구에게서나 찾아볼 수 있는 자연스러운 심리적 상태며, 때때로 심해질 때 일종의 강박관념이나 신경질환의 증세로서 나타나는데, 혈관 · 운동신경 및 소화기관의 기능에 장애를 가져오기도 한다.

　중요한 것은 대부분의 사람은 자신의 공포증이 특별한 근거가 없다는 것을 잘 알고 있으면서도 두려움에서 벗어나지 못한다는 것이다. 그러나 거의 대부분의 공포증에는 그 대상 또는 대상으로 상징되는 사물과 관련하여 과거에 자기가 위험에 처하게 되었거나 자기 원망의 좌절 등 불쾌한 체험을 가지고 있으며, 다만 이를 억압함으로써 망각하고 있는 것이다.

정신분석요법에서는 공포증의 원인이 된 경험을 최면이나 상담(자유연상)을 통해서 의식화함으로써 치료 효과를 얻으려고 한다. 그러나 대부분의 공포증들은 일상에서 자신의 노력과 주변의 도움을 생각보다 쉽게 해결할 수 있다.

그 첫 번째 방법은 충격 요법이다. 다른 말로는 '대량자극법'이라고도 하는데, 공포를 유발하는 장면에 직접적으로 부딪힘으로써 아무렇지도 않다는 것을 인지하는 방법이다. 흔히 자전거를 배울 때 많이 사용하는 방법 중에 하나이다. 물공포증도 마찬가지다 좀 두렵더라도 어느 정도 깊은 물 속에서 발버둥 치다 보면 어느새 물에 익숙해진다는 것이다. 하지만 통하지 않는 사람도 있느니 꼭 누군가 옆에서 지켜봐 줘야 할 것이다.

두 번째 방법은 점진적 요법이다. 자전거를 처음에는 옆에서 타다가 균형감각을 익히면서 차츰 위로 올라가듯이 물에 조금씩 적응해 가는 것이다. 첫째날은 수영장에 가서 가볍게 발목만 담근다. 괜찮다 싶으면 그다음 날 가서 무릎까지 들어가 본다. 무섭다고 싶으면 다시 단계를 발목부터 시작하면 된다. 이런 식으로 천천히 좀 더 깊은 물에 적응해나가다 보면 어느새 예전에는 상상할 수 없는 깊이에서 물과 함께 유영하는 자신을 발견할 수 있다. 끈기와 시간이 필요하지만 가장 안전한 방법이기도 하다. 이런 방법을 체계적 둔감법이라고 한다.

필요한 것은 물에 대한 두려움을 상쇄할 만큼 물과 친해지는 것이다. 물에 대한 좋은 기억을 학습시켜주어야 한다.

　물놀이를 가서 둘째 아들 규연이가 긴장하지 않게 튜브에 태워서 아빠와 함께 놀기 시작하니 물에 대한 두려움이 사라지기 시작했다. 그리고 규연이가 좋아하는 물 미끄럼틀을 타다 보니 물에 대한 공포가 점차 사라지직 시작하고 물놀이를 좋아하게 되었다.

엄마가 죽으면
어쩌지!

큰아들 규민이는 이제 초등학교 2학년 아홉 살이다. 규민이는 세 살 때도 자기가 덥다고 혼자 나와서 거실에서 자고, 다섯 살 때는 이미 혼자 방을 쓸 정도로 독립적인 아이다.

심지어 집사람이 규민이는 어디 갔다 놔도, 심지어 사막에 갔다 놔도 살아갈 아이라고 할 정도로 부모와 떨어지는 것을 두려워하지 않았다.

애착 형성이 잘 되어서 저렇게 불안하지 않은 걸까? 심리학자로서 참 다행이라고 생각했다. 그런데 얼마 전부터 자꾸 엄마 곁에서 자려고 한다.

오늘도 엄마 곁에 잠든 것을 안아다가 제 방으로 옮긴 다음에 이 글을 쓰고 있다. 안 그러던 아이가 왜 그러지?

곰곰이 생각해보면 필자나 집사람이 툭툭 던지는 말투에 원인이 있는 것도 같다.

"아휴 너 그렇게 말 안 들으면 나가서 혼자 살아."

"너 그러면 네 부모 찾아가!"

"너 그럴 거면 엄마는 집 나가 버릴 거다."

"엄마가 그냥 확 죽어버릴까?"

그러면 큰아들 규민이는 배짱 좋게도 이렇게 대꾸한다.

"흥! 내가 속을 줄 알고 맘대로 하세요!"

그러나 우리 큰아들은 엄마가 화나서 무심결에 던진 그 말을 무심코 지나치지 않는 듯하다. 말은 그렇게 해도 부모, 특히 자기와 가장 애착이 강했던 엄마와 헤어지고, 엄마가 이 세상에서 사라진다는 두려움은 무의식 저 깊은 곳에서 나의 큰아들을 힘겹게 만든 것이다.

사실 죽어버린다는 말은 그렇지만 집사람이 '집을 나가버린다'는 말은 어느 때는 나조차 진심으로 느껴져 걱정될 때가 있으니 우리 큰아들이야 오죽했으랴!

고등학교 2학년 남학생이 있다.

그의 고민은 도무지 자신의 나이에 어울리지 않는 생각이 늘 머릿속에서 떠나지 않는다는 것이다. 그 친구는 고등학생인데도 늘 '혹시 엄마가 죽지는 않았을까?' 하는 두려움에 떤다. 이런 생각이 언제부터 시작되었는지는 또렷하게 기억나진 않지만 키우던 강아지가 죽고 나서부터 이런 증상이 심해진 것 같다. 자다가도 엄마가 죽은 것은 아닌가 하는 두려움 때문에 자주 깨고, 학교에 가도 집에 몇 번씩 전화를 걸어 엄마와 통화를 해야만 마음이 놓인다.

그 아이에게 수학여행은 너무도 큰 갈등을 안겨 주었다. 친구들과의 여행이 싫은 건 아니지만 엄마와 떨어져 지낼 것을 생각하면 앞이 캄캄하다. 며칠을 고민하다 광현이는 지독한 몸살을 앓게 되었고 결국 수학여행에 불참하게 되었다.

그러나 이런 일은 누구나 경험할 수 있는 일이다. 맹모삼천지교로 유명한 그 맹자는 안 그랬던가?

중국 전국시대에 살았던 소년 맹자가 십 대에 이르러 어머니 곁을 떠나 타향으로 유학을 떠났다. 공부를 한참 하던 어느 날 맹자는 어머니가 너무도 보고 싶어 무작정 집으로 돌아왔다. 집에 돌아오니 어머니는 베틀 앞에 앉아 무명을 짜고 있었다. 맹자는 너무 기뻐 어머니를 불렀지만 어머니는 힐긋 한 번 돌아보고 이내 다시 베틀 쪽으로 돌아앉아 무명을 짜는 게 아닌가. 한참이 흐른 다음에야 맹자 어머니는 무표정하면서도 엄격한 얼굴로 물었다.

"그래, 그동안 공부는 얼마나 늘었느냐?"

"별로 늘진 못했습니다."

그러자 맹자의 어머니는 베틀 모서리에 꽂혀 있던 칼을 뽑아 그동안 길게 짜 놓았던 무명을 끊어 버리고 말았다. 그러면서 말하길,

"네가 도중에 공부를 마치지 않고 돌아온 것은 내가 이 무명을 중도에서 끊어 버리는 일과 무엇이 다르더냐?"

그 말을 들은 맹자는 어머니에게 자신의 잘못을 사죄하고 돌아가 학문에 정진해 마침내 유교의 명현이 되었다.

어렸을 때 아이들은 부모, 특히 엄마에게 의존한다. 엄마는 먹을 것도 주고, 사랑도 주고, 위험으로부터 자식들을 보호해 준다. 그래서 아이들은 엄마 곁에서 떨어지지 않으려고 하고 엄마가 없으면 불안해서 운다. 이렇게 어린아이들은 심리적으로 신체적으로 엄마와 항상 함께 있으려고 한다. 아이와 엄마 사이에 애착이 형성되었기 때문이다. 이런 현상은 매우 자연스러운 것이다.

　그러나 나이가 들어 사춘기가 시작되면 젊은이들은 자기를 돌봐주던 사람, 특히 부모로부터 심리적인 독립을 시도한다. 이것을 가리켜 심리적 이유라고 한다. 하지만 어머니로부터 독립한다는 건 매우 불안한 일이다. 대개 중학교는 집에서 학교를 다니기 때문에 환경에 큰 변화가 없지만 고등학교 때부터는 일부 젊은이들이 집을 떠나 혼자 생활하거나 다른 새로운 환경에 적응해야 한다. 그 시기의 젊은이들은 심리적으로 부모로부터 독립을 할 것이냐 말 것이냐 고민하고 갈등한다. 그런 심리적 갈등이 엄마가 죽을지도 모른다는 두려움으로 나타나는 것이다. 이런 증상은 자기를 돌봐 주던 사람, 특히 어머니로부터 심리적으로 독립하는 걸 두려워하는 분리 불안장애(seperation anxiety disorder) 때문에 나타난다.

　분리 불안장애는 어렸을 때 두드러지고 나이가 들면서 점차 줄어든다. 그러나 일부 젊은이들은 계속해서 이런 증상을 보인다. 뭐든지 부모로부터 인정받으려 하고, 혹시 인정을 받지 못하면 부모가 자기를 버리지나 않을까 하는 유기 공포가 나타나기도 한다. 그런 사람들이 공부를 열심히 하는 것도 부모로부터 버림받지 않기 위해서다.

　그래서 시험을 앞두고 젊은이들이 극심한 불안을 느끼는 것은 시험을 못 보면 부모로부터 버림받지나 않을까 하는 두려움이 내재되어 있기 때문이라고 분석하는 심리학자들도 있다.

　이런 증상은 어렸을 때 심리적으로 부모에게 지나치게 의존했던 마마보이들에게서 많이 나타난다. 이런 사람들은 커서도 피터팬 증후군을 보이고 어떤 사건을 계기로 분리 불안장애로 발전한다. 가령 자기가 키우던 애완동물이 죽었다든가, 친척 중에 누가 병들거나 죽었을 때, 새로운 곳으로 전학을 가거나 이민을 갔을 때, 또는 대학 진학을 해서 혼자 살아야 할 때 많이 발생한다.

분리 불안장애를 가진 사람들은 새로운 곳으로 떠나는 것을 두려워해서 여행을 앞두고 아프거나, 입학시험을 앞두고 앓아눕는 경우가 많다. 그렇게 해서라도 부모와 떨어지지 않으려는 것이다. 대개 두통, 복통, 구토 같은 걸 호소해서 집을 떠나지 않고 부모와 함께 있으려고 한다. 그리고 자기가 사랑하는 부모가 혹시 죽지는 않을까, 사고를 당하지나 않을까 하는 생각이 머리를 떠나지 않는다. 게다가 집을 떠날 경우 불안해서 잠을 자지 못하고 부모와 헤어지는 악몽을 자주 꾼다. 이런 증상이 한 달 이상 지속되고 학교생활이나 사회생활을 할 수 없을 정도가 되면 심각한 상태라고 할 수 있다.

분리 불안장애는 우리 주위에서 드물지 않게 볼 수 있다. 보통 젊은 이들 가운데 5% 정도가 이런 증상을 경험한다. 더욱이 요즘은 자식을 하나만 낳아 금지옥엽처럼 키우기 때문에 이런 현상은 더욱 증가할 전망이다. 이런 증상은 남자나 여자 모두에게서 나타나지만 남자들의 경우 자신이 분리 불안장애를 가지고 있다는 것을 잘 인정하려 들지 않는다. 그것은 부모와 헤어지는 것을 두려워하는 것은 남자로서 체면이 안 선다고 생각하기 때문이다.

부모님이 우리 아이의 인생을 대신해 줄 수는 없다. 그러니 부모님은 때가 되면 아이들을 독립시켜주어야 한다. 5세가 되면 아이들을 따로 재우고, 학교도 혼자 가도록 도와주고, 사춘기가 되면 심리적 이유기에 젖을 떼 주고, 경제적으로도 독립을 시켜주어야 한다. 심리적으로 독립이 되어야 우리 아이들이 하나의 인격체로 발달할 수 있다.

부모와 헤어지는 것이 두려워 자신이 할 일을 제대로 못 하는 젊은 이는 마마보이다. 마마란 원래 어머니의 젖꼭지를 말하는 것이다. 나이가 들어서도 어머니 젖꼭지에 매달려 있는 자신의 모습을 상상해 보라. 7살부터 아이들의 독립을 준비해야 한다.

잠자리도 독립시키고, 경제적으로도 하나둘씩 교육을 해야 한다. 그래야만 사춘기가 되어 질풍노도의 시기가 찾아와 심리적 이유를 해야 할 때 심리적으로도 독립을 할 수 있다.

아이가 싫어하는 음식 관리

큰아들 규민이가 두 살 무렵.

아장아장 걸어 다니며 재롱을 떨고, 노래만 나오면 춤추고 박수치고 얼마나 귀엽던지. 늦게 장가가서 복 받는 느낌이 팍팍 올 때였다. 오전에 여유가 있어서 서재에서 신문을 보고 있는데 집사람이 깜짝 놀라 소리를 질렀다.

"규민아! 규민 아빠!"

다급한 목소리가 들여와 주방으로 달려갔더니 규민이가 냉장고문을 열고 계란을 수십 개 깨뜨리고서는 그것을 얼굴에 문지르고 있었다. 얼굴은 계란 묻은 게 문제가 아니라 이미 시뻘겋게 변해 있었다. 애를 데리고 급히 병원으로 달려갔다. 얼굴과 목까지 빨갛게 알레르기가 생겨서 귀여운 얼굴 모습이 아니라 불쌍한 얼굴이 되어 있었다.

그 와중에도 규민이는 아빠를 보고 씨익 웃는데 아빠도 당황해서 웃을 여유가 없었다. 치료를 받아 곧 진정되긴 했지만, 한동안 큰아들은 계란을 만지지도 먹지도 않았다. 계란이라면 치가 떨리는 모양이다. 다행히 유치원에 가면서부터 친구들과 함께 계란을 먹기 시작했지만 호된 경험이었다.

나에게는 덩치도 크고 아주 남자답게 생긴 후배가 있다.

그 후배는 뭐든지 잘 먹었다. 하지만 못 먹는 것이 꼭 두 가지 있다. 그중 하나가 술이고 또 하나는 닭고기다. 술은 한 잔만 마시면 한켠에 쓰러져 정신없이 잘 정도이고 닭고기는 아예 입에 대지도 못했다.

지금도 그렇지만, 대학 시절에 우리는 치킨집을 자주 찾곤 했다. 같이 간 선후배들이 치킨(후라이드, 양념, 전기구이 등 다양한 닭이 있어 치킨으로 표현함)과 술을 마시며, 즐겁게 시간을 보낼 때 그 후배는 꿔다 놓은 보릿자루 마냥 앉아 있을 뿐이었다. 무척 고무적인(?) 분위기라고나 할까. 그러나 치킨집이 아닌 삼겹살집일 경우 상황은 결코 고무적이지 않았다. 아니 오히려 절망적이라 표현해야 할 것이다. 마음을 보통 단단히 먹지 않고서는 고기 한 점 먹기도 힘들어진다. 웬고 하니, 그 후배는 채 익지도 않은 삼겹살을 거의 숨 한번 쉬지 않고 다 먹어 치웠기 때문이다.

지금 생각해 봐도 대단한 먹성이었다.

왜 그 후배는 삼겹살은 정신 못 차릴 정도로 좋아하면서 닭고기는 입에도 대지 못했을까?

그 후배는 어린 시절에 닭을 먹고, 심한 배탈을 앓아서 죽을 뻔한 적이 있었다고 한다. 이러한 경험은 그로 하여금 닭고기는 곧 죽음이 될 수도 있다는 것을 무의식적으로 학습하게 만든 것이다. 그래서 닭고기는 그에게 먹어서는 안 되는 음식이 되어 버린 것이다.

시간적으로는 먹는 행동과 결과 사이에 간격이 있지만, 그들 사이에 관계가 형성되었으므로 일종의 조건형성 학습이 이루어진 것이다.

이와 같이 특정한 먹거리의 미각과 뒤에 따르는 질병과의 관계를 학습하는 놀랄 만한 재능을 심리학에서는 실험자의 이름을 따서 '가르시아 효과(Garcia effect)'라고 한다. 이러한 가르시아 효과는 동물 보호 운동에 직접 적용되기도 한다.

북미 서부 지방에서는 이리떼가 양들을 잡아먹어 농부와 목장주들이 골치를 썩고 있었다. 마침내 참지 못한 목장주들이 이리를 없애기로 결정을 내렸다. 그러나 동물 보호 주의자들이 이이를 보호해야 한다고 강력하게 반발하고 나서는 바람에 이 문제는 딜레마에 빠졌다. 가르시아를 비롯한 심리학자들은 가르시아 효과를 이용한 실험을 통해 묘안을 제시했다.

실험에서, 세 마리의 이리에게는 리튬염화물(역겹고, 배탈이 나는 물질)로 처리한 양을 먹었고, 다른 세 마리의 이리에게는 같은 물질로 처리한 토끼 고기를 먹였다.

그 결과 약물 처리한 양고기를 먹은 이리는 절대로 양을 잡아먹지 않았고, 약물 처리한 토끼를 먹은 이리는 절대로 토끼를 잡아먹지 않았다.

가르시아 효과를 이용한 실험 결과는 농부와 목장 경영자, 동물 보호 주의자들 모두를 만족시킬 만한 해답을 제공해 준 것이다.

아이들이 특정 음식을 먹지 않고 편식하거나 어떤 음식을 먹으면 탈이 난다면 체질도 문제일 수 있지만 어린 시절 먹고 나서 심한 탈이 났을 가능성도 있다. 그럴 경우 너무 억지로 먹이기보다는 다른 음식으로 대체해주는 것이 좋다. 목숨이 달린 문제에 애들이 편식한다고 야단칠 일이 아니다. 나중에 크면 점차 좋아진다.

소음과
아이 발달

강변에 집이 있으면 얼마나 좋을까?

바닷가에 집이 있으면 얼마나 행복할까?

아쉽게도 강변과 바닷가 집의 행복도는 그리 높지는 않다. 오히려 우울한 느낌을 더 받는다는 얘기도 있다.

게다가 우리 집 같은 경우는 올림픽대로변에 위치해서 한강이 한눈에 들어오기는 하지만 평소에는 한강 볼 시간도 없고, 올림픽대로에 차가 하루 종일 쌩쌩 달려서 차량 소음이 장난이 아니다. 나야 14년 동안 살았으니 그럭저럭 적응하며 살지만, 아이들에게는 적지 않은 부작용을 주지 않을까 걱정이다.

최윤철 군은 대학 입학시험에 합격해 기분이 무척 좋다. 그래서 지하도에서 걸인을 만나자 선뜻 천 원짜리 한 장을 적선한다. 평소에는 껌을 파는 행상인의 부탁조차 들어주지 않던 최 군으로서는 커다란 변화가 아닐 수 없다. 한편, 사랑하는 사람과 심하게 다툰 강희경 양은 어머니가 설거지 좀 도와달라고 하자 벌컥 화를 내며 자기 방문을 쾅 닫고 들어간다. 평소에 집안일을 잘 돕던 강양의 그러한 행동 또한 뜻

밖이다.

　사람들이 누군가를 도와주는 것은 다양한 원인에 의해 결정된다. 사람의 성격과 기분, 당시의 상황, 갖고 있는 자원에 따라 사람의 도움 행동은 수시로 달라질 수 있다. 심지어는 도시의 크기, 날씨 같은 요인도 상당히 중요하다. 가령, 대도시에 사는 사람보다 소도시나 시골에 사는 사람이 다른 사람을 더 잘 도와주고(아마토, 1983), 날씨가 좋지 않은 날보다 좋은 날, 그리고 밤보다는 낮에 사람들은 더 많은 도움 행동을 하고, 팁도 더 잘 준다(커닝햄, 1979). 물론 밤에 술집에서 주는 팁은 예외다.

　도움 행동을 결정하는 여러 요인 중에서도 특히 관심을 끄는 것은 '소음'이다. 시끄러울 때와 시끄럽지 않을 때, 고통을 당하는 사람들을 돕는 행동이 달라지기 때문이다. 이러한 사실을 실험(1975)으로 확인한 사람이 매튜스와 캐논이다.

　피험자들이 모르는 한 실험협조자가 서류 같이 생긴 종이들을 가지고 있다가 사무실 바닥에 떨어뜨렸다. 한 조건은 정상적인 실내 소음 수준(50~60db)이었고 다른 조건은 매우 큰 소음 수준(100db 이상)이었다. 이 연구에서 관심사는 두 조건에서 피험자들의 도움 행동에 차이가 있는지였다. 실험 결과 피험자들은 정상의 실내 소음에서 매우 큰 소음의 경우에 비해 2배 정도나 더 많은 도움 행동을 했다.

　이러한 실험 절차를 현장에 적용해보았다. 팔에 깁스를 한 남자가 책을 들고 걸어가다가 떨어뜨렸을 때, 매우 시끄러운 공사 소음 상황일 경우보다 일상적인 소음 상황에서 사람들은 5배 이상이나 많은 도움 행동을 보여주었다.

이 실험은 소음이 심한 환경이 주변 사람들을 무시하게 하고 그 상황을 빨리 떠나려는 마음을 갖게 만들어(동기화), 다른 사람들을 덜 도와주게 한다는 사실을 보여주었다.

일반적으로 소음에 관한 연구들에 따르면 소음은 기억력을 떨어뜨리고, 주의집중을 나쁘게 한다. 또한 소음이 심할수록 사람들의 공격성이 자극될 가능성도 커진다. 즉, 소음은 도움 행동뿐만 아니라 작업능률, 사회적 행동에도 영향을 미칠 수 있다.

그러므로 공사장이나 도로에서는 물론 이웃 간에도 서로서로 소음에 신경을 써주는 것이 더불어 사는 사람들이 갖춰야 할 최소한의 배려일 것이다.

소음은 아이들의 능력에도 영향을 미친다.

살고 있는 집이 어디에 있는지에 따라, 소음 수준은 크게 달라진다. '그게 뭐 대수야?' 하는 분들이라면, 코헨 등이 했던 연구(1973)를 꼭 알려드리고 싶다.

고층아파트가 뉴욕 시의 고속도로 위에 불가피하게 건립되었다. 고속도로를 달리는 차들 때문에 아래층은 위층보다 소음이 심했다. 연구자들은 이러한 상황을 4년 동안 관찰한 후 그 아파트에 살고 있는 아이들을 대상으로 읽기와 듣기에 관한 테스트를 실시했다. 그 결과 소음이 더 큰 층에 사는 아이들일수록 읽는 능력과 청각 변별 능력이 떨어졌다.

이처럼 소음 환경은 아동의 지적 수행능력을 방해할 수 있다. 뿐만 아니라, 아동의 정서발달을 저해할 수도 있다. 이러한 사실들은 소음에 대한 장기간의 접촉이 사람에게 유해할 수 있다는 점을 단적으로 보여주었다.

　단기간의 소음 변화는 문제 되지 않지만, 공항 근처, 철로 변, 고속도로변에 위치한 집에 사는 사람들은 장기간 지속되는 소음에 적응하지 못한다. 그러므로 아동의 정서발달과 지적능력의 발달을 위해서는 무엇보다도 조용한 환경이 필요하다. 그렇다고 지금 당장 이삿짐을 싸라는 얘기는 아니다. 우선 조용한 곳으로 이사 가기 전이라도 아이들 방의 방음에 좀 더 신경 쓰고, 나부터라도 이웃에 방해가 되지 않도록 노력해야 할 것이다.

엄마!
내 고추가 없어 졌어

아홉 살, 일곱 살 두 아들.

막내 여동생이 태어나자 싱글벙글 기뻐하며 신기해한다.

기저귀를 갈 때면 자신들의 성기와 다른 모습이 신기한지 태어난 지 얼마 안 되었을 때는 유심히 바라본다.

루스 문로에(Ruth Munroe)라는 여성 심리학자는 프로이트의 유아성 욕론과 여아의 남근 선망에 대한 얘기를 처음 들었을 때 전혀 믿지 않았었다. 그런데 어느 날 그녀의 4세된 딸이 오빠와 함께 욕조에서 목욕을 하다가, 갑자기 '엄마! 내 고추가 없어졌어'라고 소리치는 것이 아닌가? 그 후 문로에는 딸을 안심시키려고 무진 애를 썼으나 허사였다. 그녀의 딸은 그 후 몇 주 동안이나 자신을 소녀라고 부르는 것을 격렬하게 거부했다. 그날 이후 그녀는 프로이트의 이론에 회의를 가졌던 자신의 어리석음을 비판하게 되었다.

아이들도 어른 못지않은 감정을 가지고 있다. 아이들도 기쁨, 슬픔, 사랑, 미움의 감정을 모두 느낀다. 그렇기 때문에 아이들은 감정의 측면에서 보면, 어른의 축소판이라고 해도 지나친 말은 아니다.

그 옛날 현미경이 발달하기 전에는 인간이 수정되는 순간부터 완전한 형태를 갖추고 있는 줄 믿고 있었다. 완전한 인간의 형태를 가지고 있으나 다만 그 크기가 작을 뿐이라는 이러한 견해를 전성설(前成說; preformationism)이라고 한다. 지금 생각하면 얼마나 소박한 생각이었던가? 인간이 완전한 모습을 갖춘 성인의 축소판(ready made miniature adult)으로 수정되어, 발달하고, 이 세상에 태어난다는 이러한 견해는 현미경이 발달한 후인 18C 후반까지도 한동안 계속되었다. 과학의 발달로 이러한 신체발달에 대한 전성설적 견해는 깨졌지만, 인간의 심리적인 측면에서의 전성설은 여전히 남아 있다.

어린애들은 태어나면서부터 심리성욕적 에너지를 가지고 태어난다는 견해가 그중 하나다. 이러한 에너지를 정신분석의 시조인 프로이트는 리비도(libido) 또는 리비도적 에너지(libidinal energy)라고 표현했는데, 리비도가 신체의 어느 부위에 집중되어 있느냐에 따라 인간의 성격발달을 좌우한다고 주장했다. 리비도는 '욕망'이라는 라틴어로, 우리말로 굳이 옮긴다면 심리 성욕적 에너지(psycho-sexual energy)라고 할 수 있다. 이 에너지는 인간이 수정되는 순간부터 인간의 일생을 지배한다. 태어나면서부터 이 에너지가 신체의 어느 부위에 집중되느냐에 따라 사람들이 쾌를 느끼는 부위도 달라진다. 만약 리비도 에너지가 신체의 어느 한 부위에 지나치게 많이 혹은 적게 축적되면, 고착(fixation)이 일어나서 성격 형성에 커다란 영향을 미치게 된다.

가령 아이들은 태어나면서부터 엄마의 젖을 빨고, 깨물고 하는 과정에서 쾌를 추구하는데, 출생 후 약 18월까지의 이 과정을 구강기라 한다. 구강기에는 리비도가 입과 입술을 비롯한 구강에 집중되어 있다.

만약 어린아이가 어머니로부터 적절한 수유와 쾌를 얻지 못하면, 아이는 리비도가 구강에 고착되어 성인이 되어서도 구강기적 성격을 보인다. 그래서 지나친 흡연이나 음주, 독설, 냉소주의적 언행, 과식과 같은 욕구불만적 행동 양상을 보이고, 수동적 의존적인 경향을 나타낸다.

프로이트는 리비도가, 에너지의 모양이나 위치는 변하더라도 그 에너지의 총량은 변하지 않는다는, 열역학 제1법칙인 에너지 보존의 법칙에 따라 움직인다고 보고, 리비도의 움직임에 따라 성격발달을 설명하고자 했다. 리비도의 집중은 구강기, 항문기, 남근기, 잠복기, 성기기의 5단계에 걸쳐 이루어지며, 이 과정에 따라 성인이 된 후의 성격이 결정된다.

프로이트는 리비도 개념을 도입해 인간의 성격발달을 설명하면서 유아성욕론을 주장했다. 유아에게도 성인과 마찬가지로 성적 욕구가 있다는 것이다. 물론 성인과 같이 성기의 결합에 의한 성적 만족을 추구하는 것은 아니다. 구강기에는 입과 입술, 입 안 점막의 자극에 의해 쾌감을 얻고, 항문기에는 배설물의 보유와 배출에 의해 쾌감을 얻으며, 남근기에는 성기의 자극에 의해 성적 쾌감을 얻는다. 남근기에 해당하는 아이들은 자신의 성기를 만지작거리길 좋아하고, 아이가 어디서 나오는지에 대해 관심이 고조된다. 여자아이들은 은근히 남근을 부러워하여, 남자아이들처럼 남근이 있었으면 하는 남근선망(penis envy)을 경험하기도 한다. 그러나 이런 주장에 대해서는 많은 여성들이 말도 안 되는 소리라며 의식적으로 거부하기 때문에, 심리검사나 정신분석을 통해서도 이러한 특징은 잘 나타나지 않는다.

그러나 앞서 여성 심리학자의 딸 이야기에서 알 수 있지만 남근 선망이라고 까지는 아니더라도 남녀의 성기 차이에 대한 호기심이 있다는 사실을 부인할 수는 없다.

어른들이 아이들의 이러한 심리에 관심을 갖게 되면서, 아동심리학이나 소아정신과 등을 중심으로 아이들의 정신세계에 대한 체계적인 접근이 시도되었지만, 여전히 아이들의 세계는 오리무중이다. 그러나 분명한 것은 아이들도 어른 못지않은 감정을 가지고 있다는 사실이다.

괜히 고추가 없어졌다고 우는 여자아이에게, '말 안 들어서 시장에 내다 팔았어'라고 말하는 생각 없는 부모가 되지 않기를 바랄 뿐이다.

아빠와 아들의 치열한 갈등

다섯 살 무렵.

큰아들 규민이는 아빠가 밉다. 사랑하는 엄마를 차지하고 싶기 때문이다. 그러나 어쩔 수 없다. 아직 어리고 힘이 없다. 그러면서 아빠처럼 힘도 세고 남자답게 커나가려고 한다. 한때 KBS 드라마 〈아버지처럼 살기 싫었어〉처럼 미워하면서도 아버지를 닮아간다. 그런데 이 무렵의 남자아이들은 아빠가 사라졌으면 하는 바람을 하기도 한다. 심지어는 아빠에게 살부 의욕을 느끼기까지 한다고 하니 섬뜩하다. 이런 시기에 잘못되어 패륜범죄로 이어지는 것인지도 모른다.

다섯 살짜리 꼬마가 엄마에게 '엄마, 사랑해요'라고 말한다면 그러려니 할 것이다. 그러나 엄마를 이성의 여인으로 사랑한다고 하면, 독자 여러분들은 어떻게 생각할 것인가? 아마도 믿지 않으려 할 것이다. 그러나 어린아이들이 엄마 아빠가 함께 자는 것을 질투하면서 부모를 떼어놓으려 하고, 이성의 부모를 더 따르는 것은 무슨 까닭일까? 이러한 물음에 대해 심리학에서는 정신분석이 가장 관심을 갖고 다가선다.

정신분석(psychoanalysis)은 프로이트에 의해 시작된 심리치료 기법이다. 프로이트는 인간을 지배하는 커다란 두 가지 힘을 무의식과 성욕이라고 주장했다.

정신분석에서는 인간이 의식에 의해 지배된다기보다 무의식이라는 정신적 힘에 의해 움직인다고 보고 있다. 의식이란 겨우 빙산의 일각에 불과하고 무의식이 인간 정신세계의 대부분을 차지하고 있다고 했으니, 정말 인간의 자존심을 건드려도 한참 건드렸다. 더군다나 도덕적 인간을 강조하던 사람들에게 성욕이 인간의 성격과 행동을 결정하는 데 결정적이라고 주장했으니, 그나마 남아 있던 자존심마저도 와르르 무너뜨려 버렸다. 그러나 우리는 여기서 또 한번의 충격을 경험해야 한다. 그것은 다름 아니라 4~6세 무렵의 아이들이 이성의 부모를 사랑한다는 사실이다. 4~6세경은 심리 성욕적 발달단계에서 남근기(phallic stage)에 해당된다. 이 남근기의 남자아이는 자신의 성기에 관심을 갖기 시작하고, 성적으로 쉽게 흥분하며, 여자아이나 엄마의 성기에도 관심을 갖는다. 이 시기에는 자신의 성기를 보여주는 것을 즐기고, 더 나아가서는 성적으로 성숙한 성인으로서의 자신의 역할을 상상해 보기도 한다. 특히 남자아이는 엄마를 사랑의 상대로 삼아 사랑 표현을 시도한다. 물론 성인과 같은 성기의 결합에 의한 사랑의 표현을 추구하는 것은 아니지만, 엄마와 함께 할 무엇인가에 대해 즐거운 상상에 빠지기도 한다.

그러나 이 시기의 남자아이는 엄마를 자기보다 힘이 센 아버지가 항상 독차지한다는 사실을 어쩔 수 없이 받아들이면서, 혹시 엄마를 사랑한다는 사실을 아버지에게 들키지나 않을까 하는 불안감을 갖는다. 또한 이 시기의 남자아이들은 여자아이들이 남근이 없는 것을 알고는, 자신도 아버지에게 잘못 보이면 여자아이들처럼 남근을 잘릴 것이라는 거세불안(castration anxiety)을 느끼기도 한다. 왜냐하면 이 시기의 남자아이들은 여자들이 고추가 없는 것은 이미 거세당했기 때문이라고 믿고 있기 때문이다.

이와 같이 남근기에 남자아이들이 엄마에게 느끼는 사랑의 감정과 그에 따른 심리적 갈등을 오이디푸스 콤플렉스(Oedipus complex)라고 한다. 이 말은 갓 태어나서부터 친부모와 떨어져 자라다 우연한 기회에 노상에서 만난 아버지를 살해하고, 자신의 어머니인 줄 모르고 자기 어머니와 결혼한, 희랍신화에 나오는 테베의 왕 오이디푸스에 빗대어 붙여진 명칭이다.

정상적인 남자아이들은 차차 방어기제를 통해 근친상간의 욕망을 억압하고, 어머니를 이성으로서 보다는 사회적으로 인정된 범위 내에서 순수하고 고귀한 존재로서 사랑하게 된다. 그리고 아버지에게 느꼈던 적대적 경쟁심은 아버지와 자신을 일치시키려는 동일시(identification)를 통해 극복해 나간다.

이러한 현상은 남자아이와 어머니 사이에서만 일어나는 것이 아니라, 여자아이와 아버지 사이에서도 일어난다. 아버지가 자신의 딸을 귀여워할 때, 여자아이는 아버지에게 애정을 느끼고 어머니를 미워하며, 나중에는 아버지와 함께 할 세상을 꿈꾸기도 한다. 여자아이가 아버지에게 느끼는 이러한 사랑의 감정과 그에 따른 심리적 갈등을 특히 엘렉트라 콤플렉스(Electra complex)라고 한다.

사람들은 오이디푸스 콤플렉스나 엘렉트라 콤플렉스와 같이, 어린 시절에 가족 구성원의 일부에게 애증(愛憎)의 감정을 느끼고, 그러한 감정들은 마음 깊은 곳에 차곡차곡 쌓인다. 이와 같이 어린 시절의 성적 욕구와 관련된 콤플렉스를 통틀어 중핵 콤플렉스(neuclear complex)라고 한다. 정신분석에서는 이 중핵 콤플렉스가 어른이 된 후의 성격을 결정하고, 심지어는 신경증의 주된 내용을 이루게 된다고 주장한다. 프로이트는 어린 시절의 중핵 콤플렉스는 문화를 초월해 사람들이라면 누구나 갖는 생물학적이고 보편적인 현상이라고 주장했다. 물론 신프로이트 학파인 프롬 같은 정신분석가는 아버지의 권위가 센 가부장적 사회에서만 일어나는 심리적 특징이라고 주장하면서, 사회 문화적 차이를 인정하기도 했다.

그러나 지금 우리에게 있어 어린아이들이 성욕을 가지고 있는지 없는지, 그리고 문화적 차이가 있는지 없는지는 그리 큰 문제가 되지 않는다. 다만, 어린아이들이 이성의 부모에게 애정을 느껴 착 달라붙을 때, 매몰차게 떼어놓지 말고, 아이들의 소박한 구애라고 생각하고 신중하게 받아들일 줄 아는 현명함과 사랑이 필요하다는 것이다. 한두 해가 지나면 아이들은 이성의 부모를 아름다운 추억 속에 묻어둔 채, 친구들과 어우러짐으로써 그 사랑을 대신하게 된다. 어린아이의 세계에서 일어나는 심리적 갈등을 부드럽게 해결해주는 부모야말로 자식을 심리적으로 건강하게 키울 줄 아는 지혜로운 부모라고 할 수 있을 것이다.

폐위 된 왕자,
큰아들

둘째 동생 규연이가 태어났다.

두 살 터울로 사이좋게 자라는 것을 볼 때마다 아빠로서 흐뭇하기만 하다. 그런데 어느 날 큰아들 규민이가 잘 가리던 오줌을 가리지 못하고 한 밤중에 쉬를 한다. 열심히 뛰어놀더니 몸이 피곤한가?

한동안 밤에 쉬를 가리지 못하기에 혹시 야뇨증이가 싶어서 병원도 가보고 한의원에도 가봤다. 병원에서는 이상이 없다 하고, 한의원에서 한약도 먹여보았는데 별로 효과가 없다. 혹시 스트레스 때문인가?

둘째가 태어나고 둘째에게 온갖 사랑이 전달되니 큰아들은 심리적으로 퇴행(regression)이 일어난 것이다. 자신이 마치 왕자였다가 폐위된 것처럼 극도로 외롭게 느끼고, 스트레스를 받고, 불안한 심리 상태에 빠진 것이다.

사람들은 사회라는 커다란 장(場) 속에서 서로 영향을 주고받으며 사는 사회적 동물이다. 그래서 주위에 새로운 사람이 나타나거나 환경이 변하면, 개인의 심리적 신체적 대응도 그에 따라 변하기 마련이다.

우리는 어린아이들이 자기가 가지고 있는 장난감에 싫증을 느껴 가지고 놀지 않다가도, 이웃집 꼬마가 놀러 와서 자기 장난감을 가지고 놀려고 하면, 자기 것이라고 만지지도 못하게 하는 경우를 흔히 볼 수 있다.

"안돼. 이건 내 꺼야."

그러면서 평소에는 관심도 없던 장난감을 혼자만 가지고 논다. 이웃집 아이가 그 아이에게 사회적 영향을 미친 것이다. 이러한 원리와 마찬가지로, 동생이 태어나면서부터 형이나 누이의 행동이 이상하리만치 변하는 경우가 있다. 대개는 더 어려진 듯한 행동을 보이거나, 동생에 대한 질투를 표현한다.

왜 아이들은 동생이 태어나면 이전과는 다른 행동을 보일까?

이에 대해 심리학은 사회적 영향이라는 개념으로 설명한다. 그러나 단순히 동생이 태어남으로써 집안의 역학적 장(dynamic field)이 바뀌었기 때문이라고 답하기에는 뭔가 허전함 감이 남는다. 그래서 등장하는 개념이 상사병, 퇴행 등의 심리 현상이다. 물론 이러한 현상들의 밑바닥에도 사회적 영향이라는 조건을 전제되어 있다.

앞서 살펴보았듯이, 아이들도 성욕을 가지고 있다는 것이 정신분석학자들의 공통된 견해다. 아이들의 행동을 유심히 관찰해보면, 아이들 나름대로 성적 욕구를 가지고 있음을 알 수 잇다. 성적인 결합을 전제로 하지는 않지만, 아이들은 부모를 사랑의 대상으로 삼아 나름대로의 사랑 표현을 한다. 그러다가 동생이 태어나면 형이나 누이는 부모의 사랑을 동생에게 빼앗긴 것으로 생각하게 되고, 이때부터 사랑의 대상을 잃은 상실감에 빠져들게 되는 것이다.

잘 가리던 대소변도 못 가리고, 밥도 잘 안 먹고, 말썽만 피우고, 엄마가 안 보는 데서 동생을 괴롭히고, 때로는 말조차도 안 한다. 아이 나름대로 사랑을 잃은 슬픔을 느끼고 표현하는 것이다. 이러한 아이들의 반응은 성인들의 상사병과 유사하다. 사랑하는 사람을 보고 싶어도 볼 수 없을 때, 안고 싶어도 안을 수 없을 때, 누군가에게 빼앗겼을 때 느끼는 상사병을 이미 어린 시절부터 경험하는 것이다.

이렇게 동생이 태어나고부터 잘 가리던 대소변을 못 가리고 갓난아기와 같이 행동하는 현상은 퇴행이란 개념으로도 설명할 수 있다. 퇴행(regression)이란 발달이나 진화에 있어서, 뇌에 장애가 있거나 감정적 충격을 받았을 때 경험하는 원시적 반응이나 히스테리적 반응을 말한다. 특히 정신분석에서는 성적 욕구를 채우기 힘들 때, 즉 욕구가 좌절되었을 때 과거에 쾌감을 얻었던 행동을 함으로써 욕구를 충족시키는 현상을 퇴행이라고 한다. 퇴행은 일시적 또는 장기적으로도 나타나는데, 동생이 생겨서 나타나는 퇴행은 대개 일시적인 경우가 많다.

유아의 성욕에 의한 상사병이든 성적 욕구 좌절에 의한 퇴행이든, 동생이 생겼을 때 변하는 형이나 누이의 심리와 행동 변화를 통틀어 '아우 타는 병'이라고 한다. 이러한 현상이 심해지면 앞에서 살펴보았던 카인 콤플렉스로 나타날 수도 있다. 이렇게 형성된 카인 콤플렉스는 형제간의 질투, 반복, 싸움의 심리적 근원을 이루게 되는 것이다.

아이들의 세계를 지켜보다 보면, 아이들이 사랑과 미움과 질투의 감정을 일찍이 배운다는 것을 알 수 있다. 물론 아우 타는 병은 얼마 지나지 않아 자연스럽게 해소되는 경우가 대부분이다. 그러나 딸을 낳은 다음 아들을 보았을 때와 같이 계속적으로 부모가 동생에게만 온갖 사랑을 베풀어준다면, 그 아이는 어린 시절부터 커다란 심리적 외상(外傷)을 경험할 수도 있기 때문에 주의해야만 한다.

우리는 여기서, 프로이트의 말이 맞고 틀림을 떠나, 인간의 성격이 어린 시절에 결정된다는 주장을 다시 한번 되새겨보아야 한다. 동생에게 유별난 사랑을 보이는 것도 자제해야겠지만, 동생이 자고 있을 때라도 형이나 누이에게 사랑 표시를 해줌으로써, '엄마 아빠가 여전히 나도 사랑하고 있구나'라는 감정을 느낄 수 있도록 해주어야 한다. 그런 한편으로 친구들과 어울리게 함으로써, 엄마의 사랑에 대한 상실감을 대체시킬 필요가 있다. 각박한 도시생활이라 마땅한 친구가 없으면, 놀이방이나 유아방을 활용하는 것도 한 가지 방법일 것이다.

동생이 태어남으로써 집안 분위기는 바뀌었지만, 그 변화는 자신에게 그리 위험한 것이 아니라는 안도감을 느낄 수 있도록 해주는 것이 아우 타는 병을 막는 최선의 방법이라 하겠다. 당신이 사랑에 실패했을 때 겪었던 그런 아픔에 빠져 있을 아이들에게 동생 괴롭힌다고 눈부라리지 말고, 지금이라도 따뜻한 눈길 한 번 줘보는 것은 어떨는지.

큰아들 규민이는 여전히 왕자이고, 둘째 아들은 어린 왕자일 뿐이다.

"규민아! 엄마 아빠는 규민이를 너무너무 사랑한단다."

집사람은 이따금 막내딸과 자는 방에서 함께 자려고 하는 큰아들을 안아 재운다. 그런데 아침에 일어나면 자기방으로 옮겨져 있으니 신기할 뿐이다.

너무 깔끔하게
키우지 말자

우리 아이들은 어렸을 때 아토피가 그렇게 심하지 않았다.

막내딸도 이따금 과자를 먹을 때 조금 아토피가 나타나는 듯하지만 그렇게 심한 편은 아니다. 내 생각으로는 우리 집 환경이 유별나게 깔끔을 떨 만큼 깨끗한 편이 아닌 것도 좋은 이유이고 먼지와 진드기와 적당히 공생(?)하는 것도 한몫했으리라 추측된다.

그런데 두 아들들은 유난히 잘 씻는 편이다. 아빠와는 달리 엄마를 닮은 것도 있지만, 어린 시절의 영향도 적지 않은 듯하다. 어렸을 때 조금이라도 옷에 무언가 묻으면 바로 갈아입히고, 배설 훈련을 조금 세게 한 것이 원인일 수도 있는 것 같다.

생활하다 보면 주변에서 병적이다 싶을 정도로 유별난 행동을 하는 사람들을 가끔 볼 수 있다. 그중 흥미로운 것 하나가 습관적으로 반복해서 손을 씻는 증상이다. 어떤 사람은 씻은 손이 채 마르기도 전에 또 손을 씻으러 간다. 손이 더럽단다. 그리고는 다시 앉아 일을 하다 말고는 또 손을 씻으러 간다. 책상에서 병균이 묻은 것 같단다.

옆에 있는 동료가 손 씻으러 간 사람 들을세라 수군거린다.

“저 친구는 결벽증이 있어.”

옆에 있는 또 다른 동료는 이렇게 말한다.

“아냐, 저건 강박증이야.”

둘 다 맞는 얘기다. 하루에도 수십 번씩 손을 씻는 행동을 되풀이한다면, 분명 결벽적이고 강박적이라고 할 수 있다. 이러한 증상을 심리학에서는 강박장애(compulsive disorder)라고 한다.

강박장애를 가지고 있는 사람들은 씻은 손을 또 씻는 것뿐 아니라, 닦은 방을 또 닦고, 어디 여행이라도 가려면 가스밸브를 수십 번씩 점검한다. 차에 타고 가다가도 불안해서 되돌아오고, 여행을 떠나서도 집에 있는 애들에게 문단속 잘 하라고 몇 번씩이나 전화를 한다. 어떤 사람들은 강박적으로 손가락을 계속 물어뜯고 손톱을 깨물기도 한다. 그리고 앉아서는 무의식적으로 다리를 떤다. 뭔가 심리적으로 불안하고 불편한 감정이 전환되어 나타난 것이다. 이처럼 강박장애는 쓸데없는 생각이나 감정, 행동이 끊임없이 되풀이되는 현상으로, 자신이 원치도 않는 생각이 끊임없이 떠오르는 강박관념(obsession)과 이렇다 할 이유가 없는데도 불구하고 어떤 행동을 되풀이하는 강박행동(compulsion)으로 구분할 수 있다.

그렇다면 이러한 강박증은 왜 나타나는 것일까?

강박 현상이 나타나는 이유에 대해 정신분석과 행동주의는 서로 다른 입장을 취하고 있다. 먼저 정신분석적 입장을 살펴보자.

강박현상은 일종의 불안장애다. 사람들은 어린 시절, 특히 항문기(프로이트 성격발달의 2단계인 1~3세 사이의 시기)에 대소변 훈련을 하면서 본능적 충동에 대한 최초의 제지를 받게 된다. 배설의 쾌감을 느끼는 동시에 대소변도 못 가린다고 야단을 맞게 된다. 이런 과정에서 형성된 항문기 성격 유형은 대개 고집이 세고, 인색하며, 복종적이고, 시간관념이 엄격하다. 그리고 지나치게 청결하거나 혹은 지나치게 불결한 특징을 갖는다. 이런 항문기 특성이 반영되어 나타난 것이 바로 강박증이다.

프로이트는 강박관념과 강박행동을 구분했는데, 강박관념은 의식이 용납할 수 없는 억압된 충돌들이 위장된 형태로 나타난 것이고, 강박행동은 그러한 위협적인 강박관념을 자신이 인식하지 못하도록 억압하는 역할을 하는 것이라고 보았다. 정신없이 자신을 바쁘게 만들어서 자신에게 떠오르는 용납하기 힘든 무의식적인 충동들(성충동이나 공격 충동)을 자신이 인식하지 못하도록 한다는 것이다. 프로이트와는 달리, 프랑스의 심리학자인 자네(Pierre Janet)는 강박 현상을 신경쇠약의 한 유형으로 보았다. 그는 정상적인 사람들은 정신적인 통합이 잘 이루어져 있지만, 신경증적인 사람들은 이러한 통합이 제대로 이루어져 있지 않다고 주장했다. 자네는 이러한 상태를 심리적 결핍(psychological deficiency)이라고 표현했는데, 강박증적인 사람들은 심리적인 힘은 가지고 있지만, 관리 능력인 심리적 긴장력이 없기 때문에 신경쇠약을 경험하는 것이라고 설명했다. 결국 힘은 있지만, 그 힘을 관리할 능력이 없기 때문에 그 힘은 다른 행동으로 전환되거나 전위되어 나타날 수밖에 없고, 이것이 바로 강박행동을 일으키는 원인이 된다는 것이다.

항문기 성격은 크게 항문 보유 성격과 항문 공격 성격으로 나누어진다. 먼저 항문 보유(anal retentive) 성격은 배설에 대한 간섭이 매우 거칠거나 처벌 위주의 배설 훈련을 했을 경우에 나타난다. 그러한 배설 훈련을 받은 어떤 아이들은 일부러 배설물로 자기의 몸과 옷을 더럽히며 반항한다. 그러한 아이들이 성인이 되지만 지저분하고, 무책임하고, 무질서하고, 낭비와 사치를 일삼게 된다. 그것은 배설을 참아야 했던 것에 대한 반발로 자신의 소유물이나 돈을 함부로 쓰고 어리석은 투자나 무모한 도박으로 재산을 탕진하기도 한다. 그들에게는 그들 자신이 뭔가 가지고 있다는 사실이 불안하고. 그 불안을 없애기 위해서 그들은 자신들이 가지고 있는 것이라면 무엇이든지 다 써버리려고 한다. 그러한 특성을 항문 폭발성 성격이라 한다.

게다가 지나치게 엄격한 배설 훈련을 한 경우 아이들은 대변을 참아 변비가 생기고 그런 경향이 심해지면 다른 행동에도 영향을 미친다. 가령, 성인이 되어서도 고집이 세고 인색하며 지나치게 복종적이고, 시간을 엄수하고, 냉담하고, 지나치게 청결한 특성을 보인다. 그러한 특성을 항문 강박증 성격이라 한다.

항문 보유 성격이 엄격한 배설 훈련에 따라 이루어지는데 비해 항문 공격(anal aggressive) 성격은 부모가 배설을 칭찬하고 격려하면 배설 훈련을 시킬 때 나타난다. 그럴 경우 아이들은 자신이 한 일에 대단한 가치를 갖게 된다. 그러한 자정스런 배설 훈련을 겪은 아이들이 성인이 되면 어린 시절 배설을 통제함으로써 어머니를 기쁘게 해준 것처럼 다른 사람이나 자신을 기쁘게 하려는 동기를 가지고 행동하게 된다. 그러한 성격 특성은 인자하고, 선물을 잘 주고, 자선을 잘 베풀고, 박애적인 행동으로 나타난다. 그러나 어떤 사람들은 그러한 칭찬에 대한 반발로 잔인하고 잔인하고 파괴적이며, 난폭하고, 적개심을 드러내며 공격 행동을 일삼기도 한다. 그러고 보면 항문 공격 성격은 야누스와 같이 두 얼굴을 가지고 있는 셈이다.

이런 정신분석적인 해석과는 달리, 행동주의적 관점은 강박행동이 나타나는 이유를 다르게 설명한다. 가령 세균에 감염된 것을 두려워하는 사람은 손을 계속 씻는 행위를 함으로써, 일시적으로나마 세균에 감염될 것이라는 공포로부터 해방될 수 있다. 즉 공포로부터 해방되는 보상이 따르므로, 강박행동은 지속된다. 강박적인 사람들은 손을 씻는 것이 보상이 되기 때문에 씻는 행동과 심리적 보상이 조건화되어 강박행동이 계속적으로 반복되는 것이다.

또한 행동주의 관점은 어린 시절이 경험이 강박행동을 일으키는 원인이 된다는 점을 강조하고 있다. 어린 시절에 손이 더러워서 누군가에게 창피를 당했거나 수치심을 느꼈을 경우 손이 청결에 지나치게 신경을 쓰게 된다는 것이다. 일요 드라마 〈종합병원〉에서 푼수 연기로 한창 주가를 올리고 있는 모 탤런트는 유치원 시절 이모부가 돌아가시면서 자신의 손을 잡을 기회가 있었는데, 그 와중에 "애야, 네 손이 왜 이리 더럽냐?"고 하셨단다. 그 후 그는 손 씻는 데는 이골이 나서 틈만 나면 손을 씻게 되었다고 한다.

물론 강박적인 사람들의 행동은 나름대로 이점을 갖기도 한다. 가스밸브를 몇 번씩 확인함으로써 안전을 도모할 수 있고, 집안을 수시로 청소하므로 청결을 유지할 수 있으며, 시간 약속을 잘 지켜 신뢰로운 사람이란 평가를 받을 수도 있다. 그러나 사회생활을 하면서 지나치게 강박적으로 행동하는 것은 자신과 주변 사람들 모두를 피곤하게 만든다. 어쩔 수 없이 떠오르는 강박관념이야 무의식적인 문제와 갈등을 해결해야 그 치료가 가능하겠지만, 가벼운 강박행동은 스스로 노력하면 쉽게 고칠 수도 있다. 그리고 주위에서 강박행동을 보이는 사람이 있으면, 그때마다 지적해주는 것도 강박행동을 줄이는 하나의 방법이다.

옆 사람이 다리를 흔들면, 흔히 이렇게들 말하지 않는가?

"어허, 또 복 달아나네."

그러면 그 사람은 자신의 불안심리가 노출된 것을 쑥스러워하면서, 그 행동을 점차 줄이게 될 것이다.

7세 무렵의 아이들은 유치원에서 초등학교로 전환하는 시기이다. 이 무렵 아이들의 배변 습관과 성격을 유심히 관찰해서 아이들의 지나치게 강박적인지, 결벽증적인지, 아니면 공격적인지를 파악해야 한다. 아이들의 미래를 위해 아이들이 공격적이어도 안되지만, 너무 엄격하게 다뤄서 강박적으로 크는 것은 더욱 안 좋다.

찌찌
보여 줘!

집사람으로부터 문자가 왔다. 평소와는 다른 느낌이라서 바로 전화를 했다.

"왜 그래?"

"규민이가 글쎄. 기가 막혀서."

집사람이 흥분해서 말을 못한다. 큰아들 규민이가 초등학교 1학년 때 일이다. 친구들과 같이 같은 반 여자 친구를 놀려대면서 여자 친구의 찌찌를 보고 싶다고 했단다. 여자아이가 상처를 받고 울고 학교를 가지 않겠다고 하고, 여자아이 부모님도 화가 머리끝까지 났다고 하니 보통 일이 아니다. 서둘러 아들을 혼내고, 짧은 성교육을 마친 후 집사람이 아이를 데리고 여자아이 집에를 가서 사과를 하고, 다시는 안 그러겠다고 맹세를 하며 마무리를 했다. 하지만 심리학자로서 아빠의 역할에 또 한 번 책임을 느낀다.

사람들은 세상만사에 관심이 많다.

'이건 뭘까?'

'저건 뭐 하는 것일까?'

'저 사람은 왜 저런 옷차림을 하고 있지?'

온갖 것들이 관심의 대상이다. 이렇게 관심을 갖는 것을 사람들은 흔히 호기심이라고 한다.

인간은 왜 호기심을 가지고 있는 것일까?

호기심은 인류의 생존을 위해 필수적인 지적 본능이다. 인간이 생존해나가기 위해서는, 자연현상, 다른 생물체의 생태, 타인들의 생각이나 행동 등에 대해 끊임없이 호기심을 갖고 탐구해야 하기 때문이다.

이러한 호기심이 인류의 시초부터 있었던 것은 성경이나 그리스 신화를 통해 간접적으로 알 수 있다. 에덴동산에서 아담과 하와가 사탄의 유혹에 빠져든 것도 호기심 때문이다. '저 과일은 무슨 맛이 날까', '저 과일을 먹으면 어떻게 될까' 하는 호기심 때문에 선악과를 따먹고는 에덴동산에서 쫓겨나, 결국 인간은 원죄를 갖게 된 것이다. 호기심의 대가를 톡톡히 치른 셈이다. 그리스 신화는 기원전 11세기경부터 그리스 반도에 전해 내려오던 이야기로, 희랍 신화라고도 한다. 이 그리스 신화에는 인류 최초의 여인이라고 하는 판도라(Pandora)가 나온다.

이 세상이 창조되기 전에 만물은 다 한 덩어리였다. 그러한 상태를 카오스(chaos)라고 한다. 조물주는 이 혼돈과 무질서의 세상에 질서를 부여했다. 형인 프로메테우스(Prometheus; 미리 생각하는 사람)에게 흙으로 인간과 동물을 빚게 했고, 동생인 에피메테우스(Epimetheus; 나중에 생각하는 사람)에게는 인간과 동물에게 그들이 살아가는 데 필요한 능력을 부여해주는 역할을 맡겼다. 그러나 에피메테우스가 여러 동물들에게 힘과 용기, 속도, 지혜를 주고 나서 인간에게 능력을 부여하려 했을 때는, 이미 자원을 다 써버린 상태였다. 그래서 형인 프로메테우스에게 도움을 청하니, 형은 하늘로 올라가서 아테나(Athena)의 횃불에다 불을 붙여 태양의 이륜차로 가지고 와서는 인간에게 주었다. 그 결과 인간은 불을 사용하게 되었고, 다른 동물들보다 월등한 존재가 되었다. 그러나 제우스(Zeus)는 프로메테우스가 하늘로부터 불을 훔친 것을 못마땅하게 생각해, 불을 훔친 죄를 벌하기 위해 여자를 만들어 세상에 내려보냈다. 그 여자가 바로 프로메테우스와 인간을 벌하기 위해 만들어진 인류 최초의 여자 판도라였다.

그녀에게는 아프로디테(Aphrodite)가 미를 주었고, 헤르메스(Hermes)는 설득력을 주었으며, 아폴론(Apollon)은 음악적 재능을 주었다. 그리고 나서 그녀는 에피메테우스에게 주어졌다. 형인 프로메테우스는 제우스와 그의 선물을 조심하라고 동생에게 경고했지만, 에피메테우스는 그녀를 기꺼이 아내로 맞이했다. 그때 판도라가 하늘로부터 가지고 온 선물이 바로 판도라의 상자(Pandora's box)다. 제우스는 판도라에게 이 상자를 열지 말라고 명했다. 에피메테우스는 이 상자가 인간들의 새로운 주거지를 만드는 데 필요치 않아 다른 상자 속에 넣어두었지만, 판도라는 그 속에 무엇이 들어 있나 궁금해서 견딜 수가 없었다.

드디어 개봉 박두. 판도라의 상자는 판도라의 호기심 때문에 열리고 말았다. 그러자 곧 인간을 괴롭히는 수많은 재액(災厄)이 그 속으로부터 뛰쳐나왔다. 육체를 괴롭히는 통풍(通風), 류머티즘, 복통과 같은 질병이 튀어나왔고, 마음을 어지럽히는 질투, 원한, 미움, 복수와 같은 것들이 튀어나와 사방팔방으로 흩어졌다. 깜짝 놀란 판도라가 재빨리 뚜껑을 덮었으나, 이미 엎질러진 물이었다. 결국 판도라의 호기심은 이 세상을 온갖 재앙과 죄악으로 가득 차게 만들었다.

인류 최초의 여성인 판도라조차 가지고 있던 호기심을 지금 살고 있는 인간들이 안 가지고 있을 리 만무하다. 사람들은 세상에 대해 알고자 하는 욕구와 이해하고자 하는 욕구를 가지고 있다. 이러한 욕구를 매슬로우는 먹고사는 데 얽매이는 일차적 욕구와 비교해서, 이차적 욕구라고 했다. 이차적 욕구는 사람들이 세상을 알고 이해하고자 하는 탐구와 관련된 선천적인 힘이라고 할 수 있다. 이러한 이차적 욕구는 자기완성의 동기와 함께 메타동기(meta motive)를 이룬다. 메타동기는 과거의 전통적인 동기에 대한 관점인 먹고사는 데 얽매이는 저차원적 동기 개념을 넘어, 삶을 창조하려고 하는 고차원적인 동기를 말한다. 이러한 수준 높은 동기에 의해 인간은 끊임없이 세상에 대해 호기심을 갖고 탐구하게 되는 것이다. 사람들이 세상에 대해 끊임없이 탐색하려는 호기심을 심리학에서는 특히 지각 욕구(perception need)라고 한다.

이 세상에 판도라 상자가 처음으로 개봉되었을 때, 다행히도 희망이란 것이 맨 밑에 남아 있었다. 그래서 사람들은 절망 속에서도 상자 밑바닥에 있는 희망을 생각하며 살아갈 수 있는 것이다. 언젠가 그 희망이 판도라 상자 밖으로 나오길 기대하면서 말이다. 큰아들이 문제를 일으키고 나서 처음으로 아들과 성에 대해 얘기를 나눴다. 처음에는 어색했지만, 같이 책을 보면서 신체의 비밀에 대해 이야기하고, 궁금한 것을 묻고 답하다 보니 자연스럽게 성교육이 이루어진다.

큰아들을 거울삼아, 둘째 아들에게는 여자아이들에게 해서는 안 될 말을 미리 가르치고 있다.

마시맬로우를
홀딱 먹는 아이

일곱 살짜리 둘째 아들 규연이가 좋아하는 초코와 땅콩이 들어있는 300원짜리 과자가 있는데 어떤 날은 하루에도 몇 개씩 먹는다. 엄마가 있으면 안 그러는데, 아빠하고 있으면 몰래 또는 대놓고 저금통에서 동전을 꺼내다가 슈퍼에 가서 사먹는다.

"규연아! 이거 먹지 말고 기다리고 있어"

"왜?"

"기다리면 2개 더 먹게 해줄게."

그러고 나서 잠시 자리를 비웠다가 돌아왔다.

유명한 마시맬로우 실험처럼 규연이가 참고 기다렸으면 하는 바람도 든다. 심리학자인 내가 알기로는 참고 기다리면 나중에 커서도 공부도 잘하고 성공할 가능성도 높다는데… '참아라!. 참고 기다려야 하느니라!'

그러나 규연이는 아빠의 기대를 산산이 무너뜨리고 홀라당 먹어버렸다.

"참고 기다리라고 했잖아!"

"당장 먹고 싶은데 어떻게 참아."

"기다리면 2개 더 먹을 수 있는데?"

"괜찮아. 지금은 하나만 먹어도 돼. 어차피 나중에 또 먹을 수 있는데 뭐."

'아 우리 둘째 아들은 만족 지연 능력이 떨어지는 것인가?'

'우리 아들의 EQ는 낮은 것인가?'

1960년대에 미국 스탠포드 대학의 심리학자 월터 미셸(Walter Mischel)과 동료 연구원들과 함께 흥미로운 실험을 했다. 유아들을 대상으로 한 '즉각적 유혹을 견디는 학습'에 대한 연구였는데 이들은 네 살짜리 아이들의 행동을 관찰하는 특별한 실험 방법을 생각해 냈다. 유치원 선생님이 아이를 한 번에 한 명씩 방으로 데리고 들어가 마시맬로우 사탕이 하나 들어 있는 접시를 보여주고 '조건'을 이야기한 다음에 아이한테 방에 혼자 기다리도록 했다. 그 조건이란, 언제든 원할 때 마시맬로우를 먹을 수는 있지만 선생님이 다시 돌아올 때까지 먹지 않으면 마시맬로우를 하나 더 얻을 수 있다는 것이었다. 어떤 아이들은 선생님이 나가기가 무섭게 그 자리에서 마시맬로우를 먹어버렸다. 어떤 아이들은 먹지 않으려고 나름 애썼지만 결국 참지 못하고 먹어버렸다. 또 어떤 아이들은 15분을 고스란히 기다려서 마시맬로우를 하나 더 받기도 했다.

사람마다 개인차는 존재하지만 네다섯 살 남짓 아이들은 간식을 먹기 전 평균 512.8초 동안 기다렸다. 아이들은 평균 9분이 채 안 되는 시간을 기다렸다. 하지만 미셸 연구팀은 실험이 있은 지 한참 시간이 흐른 뒤에야 생각하지 못했던 새로운 사실을 발견했다.

이 실험을 한 미셸의 딸은 연구가 있었던 당시 실험을 수행했던 유치원에 다니고 있었다. 실험이 끝나고 연구결과를 발표한 뒤 딸아이로부터 주변 친구들의 이야기를 듣게 되었는데 마시맬로우 실험에서 기다리지 못하고 바로 마시맬로우를 먹어버렸던 친구들이 학교 안팎에서 더 많은 문제를 일으키는 경향이 있다는 사실을 발견했다. 미셸은 이런 사실에 일정한 패턴이 있는지 알아보기 위해 다시 연구에 착수했고, 15년이라는 긴 시간에 거친 추적 연구를 통한 종단연구법의 결과로 마시맬로우 연구를 비로소 정리할 수 있었다.〈출처. 사이온스 온, 이은주〉

어린아이들이 달콤한 마시맬로우를 눈앞에 두고 먹지 않고 기다린다는 것은 분명 보통의 의지로는 쉽지 않은 일이었을 것이다. 종단연구 결과에서는, 최대한의 의지력을 발휘해 15분이라는 시간을 끝까지 기다린 아이들이 그렇지 않았던 아이들에 비해 미국 대학수학능력시험(SAT)에서 더 높은 점수를 받았고, 친구나 선생님들에게 인기 있는 사람으로 성장해 사회성이나 대인관계가 좋았던 것으로 나타났다고 연구팀은 전했다. 이들 사이에선 과체중도 없었고 마약 남용 등의 문제를 일으킬 가능성도 더 낮은 것으로 추정되었다. 이후에 많은 유사연구들에 따르면 '마시맬로우 효과'는 너무 강력해 지능지수와 같은 인지능력보다 훨씬 더 예측력이 우수했고, 인종이나 민족에 따른 차이도 나타나지 않는 것으로 밝혀졌다.

우리 아이가 마시맬로우를 홀라당 먹어버렸다고 해도 너무 실망하지는 말자.

단순히 어렸을 때 행동이 미래를 인과관계로 얽혀 예측할 수 있는 인생이 아니다. 인생은 복잡하고 인생을 결정하는 변수들은 너무나 많다.

미국 로체스터대학의 인지과학자 키드(Celests Kidd) 연구팀은 세 살 내지 다섯 살 사이 아이들 스물여덟 명을 데리고 컵을 꾸미는 미술 활동을 할 것이라 설명하고 크레파스가 놓인 책상에 앉게 했다. 그러고는 조금만 기다리면 책상에 놓인 크레파스 외에 색종이와 찰흙을 줄 테니 기다리라고 했다.

몇 분 뒤 열네 명의 아이들에게는 색종이와 찰흙을 주었고 나머지 열네 명의 아이들에게는 색종이와 찰흙이 없다며 제공하지 않았다. 크레파스 이외의 미술 재료를 받은 아이들은 신뢰 환경을 경험한 아이들이 되고, 받지 못한 아이들은 비신뢰 환경을 경험한 아이들이 되도록 실험을 조작한 것이다.

이 두 그룹의 아이들에게 뒤이어 고전적인 마시멜로우 실험을 실시했다. 그 결과에서는 신뢰 환경을 경험했던 아이들은 무려 평균 12분을 넘게 기다렸고, 열네 명의 아이들 중 아홉 명에 해당하는 아이들이 다시 선생님이 올 때까지 마시멜로우를 먹지 않는 모습을 보였다. 반면에 비신뢰 환경을 경험한 아이들은 평균 3분을 기다렸고, 끝까지 기다리고 먹지 않은 아이는 단 한 명이었다.

선생님의 행동을 믿을 수 있다는 경험이, 평생의 성공적인 삶을 좌우한다는 마시멜로우 실험을 노련하게 통과할 수 있게 했다는 것이다. 게다가 또 다른 설명도 가능하다. 마시멜로우를 홀랑 입에 넣어버린 아이들이 정말 통제력이 부족한 아이들일까? 참고 기다리면 마시맬로우를 두 개 줄 것이라는 선생님의 말은 진실일까? 선생님의 말이 보장된 확증도 없는데 뭣 하러 기다리려 할까? 먹고 싶고 먹을 수 있을 때 맛있게 먹는 것이 훨씬 현명한 선택이었으리라.

마시맬로우 후속 실험을 보면 부모들의 불안감을 조금은 덜 수 있고, 어떻게 교육하느냐에 따라 아이의 행동과 미래도 달라질 수 있음을 알 수 있다. 어린아이들이 마시맬로우를 먹지 않고 무려 15분 넘는 시간을 기다릴 수 있게 하는 절제력과 통제력에는 이를 발휘할 수 있도록 돕는 어른과 사회가 있다는 가능성을 생각할 수 있어야 한다.

마시맬로우 실험을 했던 미셸 연구팀은 여러 가지 환경에서 다양하게 마시맬로우 실험을 실시해 보았다. 실험의 결과는 참고 기다릴 수 있는 방법을 '아느냐', '모르느냐'에 따라 달라질 수 있다는 기쁜 실험 결과를 발표했다.

후속 실험의 다른 조건들은 모두 동일하게 한 뒤, 마시맬로우를 테이블 위에 그대로 올려 두거나 또는 보이지 않게 덮개로 덮어두는 조건을 만들었다. 또 한 경우에는 기다리는 동안에 재미있는 생각을 하고 있으라고 지시를 받는 경우와 나중에 받을 두 개의 마시맬로우를 생각하고 있으라고 지시를 받는 경우로 나누었다.

마시맬로우 후속 실험 방법은 1960년대에 처음 실시했던 마시맬로우 실험에서 아이들이 참고 기다리는 동안에 하던 여러 가지 행동에서 착안했다. 가장 오래 기다렸던 아이들은 눈을 가리거나 머리를 팔에 대고 엎드려 있었다. 어떤 아이들은 식탁에서 등을 돌렸고, 노래를 부르거나, 손장난을 치거나, 시간이 빨리 지나가도록 하려고 잠을 청하는가 하면, 식탁 밑으로 기어들어가는 아이도 있었다.

15분이라는 시간을 참을 수 있었던 의지력과 통제력은 자연스럽게 발휘된 타고난 능력들이 아니었다. 절제를 위한 전략은 주위를 분산시키거나 다른 것에 집중하거나 애써 외면해야 하는 노력이 필요하다는 것을 '아느냐', '모르느냐'에 따라, 혹은 '터득했느냐', '그렇지 않느냐'에 따라 달라지는 것이다.

실제로 후속 실험의 결과는 놀라웠다. 마시맬로우를 그대로 올려둔 조건에서는 평균 6분 정도를 기다렸지만, 덮개로 덮어두자 11분이 넘는 시간을 기다렸다. 게다가 재미있는 생각을 하고 있으라고 지시받은 아이들은 평균 13분 정도를 기다릴 수 있었고, 기다린 다음에 받게 될 두 개의 마시맬로우를 생각하라고 지시받은 아이들은 4분이 채 되지 않은 시간 내에 마시맬로우를 먹어버렸다.

아이들이 15분의 시간을 버티지 못한 이유는 유혹을 멀리하는 전략을 미처 깨닫지 못한 것이 중요한 이유라고 할 수 있다. 마시맬로우 실험은 어릴 때부터 스스로 마음을 통제할 수 있도록 경험을 통한 교육이 필요하다는 의미를 내포하고 있는 연구이다. 절제력과 통제력은 어린 시절의 훈련을 통해 평생을 이롭게 하도록 만드는 인간의 '능력'이자 '강점'인 것이다.〈사이언스온, 이은주〉

혹시 둘째 아들 규연이는 아빠의 말을 신뢰하지 않는 것은 아닐까?

아빠로서 한 번 더 반성해본다.

약속해놓고 지키지 못한 일들이 얼마나 많았는지를.

이제 '뻥쟁이'가 아닌 '약속 지킴이'가 되도록 노력해야겠다.

그리고 기다리는 방법을 좀 더 구체적으로 알려줘야 하겠다.

유아 성격 검사

다음은 자녀의 성격 특성을 알아보기 위한 질문지입니다. 자녀와 함께 앉아서 테스트를 시작해 보십시오. 어머니가 문항을 읽어 주시고 자녀의 대답을 기록하면 됩니다. 먼저 질문지의 각 문항에서 가장 가깝다고 생각하는 번호의 (　)에 '○'표 하세요. 20문항이 다 끝나면 뒷 부분의 채점표에 옮겨 기록하여 주십시오.

예) 1. 우리 아이는 부모의 말을 잘 따르는 편이다.

① 예 (　　)　② 아니오 (○)

1. 엄마랑, 친구 중에 누구하고 노는 것이 더 재미있나요?

　① 친구 (　　　)　② 엄마 (　　　)

2. 친구하고 싸우면 내가 먼저 "미안해!" 라고 말한다.

　① 예 (　　　)　　　　　② 아니오 (　　　)

3. 유치원이나 학교에 가는 것이 즐거운가요?

　① 예 (　　　)　　　　　② 아니오 (　　　)

4. 친구들 앞에서 자신 있게 노래부를 수 있나요?

　① 예 (　　　)　　　　　② 아니오 (　　　)

5. 집에 손님이 오시면 반갑게 인사를 하나요?

　① 예 (　　　)　　　　　② 아니오 (　　　)

6. 나는 특별히 잘 생긴 데가 없다?

　① 예 (　　　)　　　　　② 아니오 (　　　)

7. 지금보다 힘이 세어지면 좋을까요?

　① 예 (　　　)　　　　　② 아니오 (　　　)

8. 나는 열심히 공부를 해도 공부를 잘할 것 같지 않다?

　① 예 (　　　)　　　　　② 아니오 (　　　)

9. 친구들이 나보다 더 똑똑한가요?

　① 예 (　　　)　　　　　② 아니오 (　　　)

10. 우리 집이 좀더 부자였으면 하고 바라는가요?

　① 예 (　　　)　② 아니오 (　　　)

11. 내가 잘못하면 부모님으로부터 야단 맞을까봐 겁이 나나요?

　　① 예 (　　　)　　　② 아니오 (　　　)

12. 집에 혼자 있으면 무섭나요?

　　① 예 (　　　)　　　② 아니오 (　　　)

13. 나는 무서워서 혼자서는 잘 나가 놀지 못 하나요?

　　① 예 (　　　)　　　② 아니오 (　　　)

14. 옷이 더럽혀지면 야단맞을까 봐 겁이 나는 가요?

　　① 예 (　　　)　　　② 아니오 (　　　)

15. 나는 엄마가 없어질까 봐 걱정해 본 적이 있나요?

　　① 예 (　　　)　　　② 아니오 (　　　)

16. 세상에는 좋은 사람과 나쁜 사람 중에 누가 더 많나요?

　　① 좋은 사람 (　　　)　　　② 나쁜 사람 (　　　)

17. 나는 이다음에 크면 어떤 사람이 되고 싶은 지 생각해 보았나요?

　　① 예 (　　　)　　　② 아니오 (　　　)

18. 나는 늘 즐겁고 행복한가요?

　　① 예 (　　　)　　　② 아니오 (　　　)

19. 착한 어린이와 나쁜 어린이 중 나는 어느 쪽이라고 생각하나요?

　　① 착한 어린이 (　　　)　　　② 나쁜 어린이 (　　　)

20. 부모님이나 선생님으로부터 칭찬을 자주 듣는 편인가요?

　　① 예 (　　　)　　　② 아니오 (　　　)

채점표

문항 번호	가	문항 번호	나	문항 번호	다	문항 번호	라
1	① 친구 ② 엄마	6	① 예 ② 아니오	11	① 예 ② 아니오	16	① 좋은 ② 나쁜
2	① 예 ② 아니오	7	① 예 ② 아니오	12	① 예 ② 아니오	17	① 예 ② 아니오
3	① 예 ② 아니오	8	① 예 ② 아니오	13	① 예 ② 아니오	18	① 예 ② 아니오

4	① 예 ② 아니오	9	① 예 ② 아니오	14	① 예 ② 아니오	19	① 착한 ② 나쁜
5	① 예 ② 아니오	10	① 예 ② 아니오	15	① 예 ② 아니오	20	① 예 ② 아니오
채점	①의 개수 더하기	채점	②의 개수 더하기	채점	②의 개수 더하기	채점	①의 개수 더하기
점수		점수		점수		점수	

※ 1. "가"의 세로 축에서 ①의 개수를 더 합니다. → 내·외향 점수

  "나"의 세로 축에서 ②의 개수를 더합니다. → 자신감 점수

  "다"의 세로 축에서 ①의 개수를 더 합니다. → 안정감 점수

  "라"의 세로 축에서 ②의 개수를 더합니다. → 삶의 태도 점수

2. 각각의 요인이 자녀의 성격 특성을 설명합니다.

▶ 성격(Personality)이란?

성격에 대한 정의는 학자들에 따라, 그리고 시대에 따라 다양합니다. 어원을 살펴보면, 성격이라는 말인 'personality'는 고대 그리스어의 'persona'에서 유래된 것입니다. 'per'는 '~를 통하여(through)'라는 뜻이고, 'sonare'는 '말하다(speak)'의 뜻으로 이 두 단어가 합쳐진 것입니다. 그러므로 personality란 한 사람의 내면적인 특성이라기보다는 사람들이 사회적인 상황에서 연극을 하듯 나타내는 일정한 행동 패턴인 것입니다. 한자어 '성격(性格)'도 '성품 성'자와 '격식 격'자가 어우러진 말로서 내면의 품성이 격식을 차려 나타나는 심리와 행동 패턴을 의미합니다. 다시 말한다면 성격이란 심리적인 속성과 사회적인 속성을 함께 가지고 있는 것이라고 할 수 있습니다. 한마디로 성격은 시간과 상황에 걸쳐 지속되며, 다른 사람과 구별지어 주는 개인의 특징적인 사고, 감정 및 행동의 양식입니다.

성격 요인별 해석

▶ 내 · 외향성

프로이트는 사람들을 움직이는 힘을 리비도(libido)라고 불렀습니다. 리비도란 사람들이 본능적으로 가지고 태어나는 것으로, 그의 제자인 융은 리비도가 어디로 향하느냐에 따라 사람들의 성격이 결정된다고 주장했습니다. 즉 리비도가 안으로 향하는 사람은 내향적이고, 리비도가 밖으로 향하는 사람은 외향적이라는 것입니다.

4~5점 : 외향성

이러한 아동은 내향적인 면에 비해서 외향적인 면이 상대적으로 강한 성격이면서 너무 극단적이지 않은 긍정적인 성격 특성을 가지고 있습니다. 혼자보다는 여럿이 모여 노는 것을 좋아하며, 다른 사람과의 관계 속에서 인정받으려는 욕구가 강합니다. 자기표현이 자연스러우며, 주장도 강한 편입니다. 그러나 때에 따라서는 자신의 주장을 굽힐 줄 아는 어린이가 현명한 어린이라는 사실을 주지시켜줄 필요가 있습니다.

3점 : 양향성(내향성 & 외향성)

이러한 아동은 다른 사람들과 어울리기를 좋아하지만 자기주장이 약해서 곧잘 다른 아이들이 하는 것을 쉽게 배우고 따라 하는 동조성이 높습니다. 따라서 긍정적인 자아를 형성하도록 도와줄 필요가 있습니다. 특히 이 시기의 아동들은 부모의 품을 떠나 자아를 형성하는 시기이므로 많은 관심이 필요합니다. 내향적인 면과 외향적인 면이 적절히 긍정적인 자아와 조화를 이룬다면 그렇지 않은 아동들에 비해 더 많은 능력을 발휘할 수 있으리라 판단됩니다.

1~2점 : 내향성

이러한 아동은 스트레스에 민감하고 스스로를 부정적으로 보는 경향이 있을 수 있습니다. 그렇기 때문에 자신을 표현하는 데 서투르고, 부적절한 표현을 사용합니다. 아동의 이러한 모습을 지적하고 강조하는 것은 자칫 아동의 그러한 모습을 강화시킬 수 있습니다. 아이들의 실수나 어떻게 보면 무책임한 행동은 성장기의 특징이므로 있는 그대로 바라볼 필요가 있으며, 오히려 격려와 칭찬으로 아동이 스스로 극복할 수 있도록 도와줄 필요가 있습니다.

▶ 자신감

자신감이란 자기를 존중하는 마음으로 자신에 대해 전체적으로 평가했을 때 나타나는 심리적 상태입니다. 무엇인가를 할 수 있다는 확신, 자기가 원하는 것을 성취할 수 있다는 믿음, 자기가 세운 목표를 달성할 수 있는 능력, 그리고 그것을 향해 자기 에너지를 투자할 수 있는 집중력이 바로 높은 자신감을 형성합니다.

4~5점 : 자신감 높음

이러한 아동이 보여주는 높은 자신감은 어느 정도 안정적인 정서와 심리 상태를 나타냅니다. 높은 자신감을 가진 어린이는 의욕적이고 결과에 대해서 긍정적입니다. 자신이 최선을 다했을 때 원하는 바를 얻을 수 있다는 기본적인 믿음을 가지고 있으며, 호기심도 많은 편입니다. 자신을 표현하려는 욕구가 강하고 긍정적인 피드백을 받기를 원합니다. 그러나, 피드백이 부정적일 경우 좌절을 경험하고 크게 실망할 가능성이 있습니다. 아동의 자신감 수준에 맞게 좌절을 시행착오의 좋은 경험으로 슬기롭게 극복할 수 있도록 주변에서 그리고 가정에서 관심과 지지를 제공해줄 필요가 있습니다.

3점 : 자신감 보통

이러한 아동은 적당한 수준의 자신감을 소유하고 있습니다. 자신을 무시하지도 않으면서 또한 과장해서 보지도 않습니다. 그래서 아동은 자신이 잘 할 수 없는 일과 잘 할 수 있는 일을 비교적 잘 알고 있습니다. 서두르지 않고 꾸준히 자신을 위해 노력하는 모습을 보여주며, 비교적 객관적으로 현실을 인식하고 있습니다. "넘치는 것보다는 조금 모자란 것이 좋다."는 옛말처럼, 아동의 현재 상태는 많은 가능성을 내포하고 있습니다. 작은 것부터 시작해서 성취감을 느낄 수 있도록 해주는 것이 좋습니다. 이러한 성취감을 통해서 미래에 도전할 수 있는 마음을 키우는 것입니다.

1~2점 : 자신감 낮음

자신감이 부족한 어린이는 자신에 대해 부정적인 견해를 가지고 있어, 어떤 상황에서는 스트레스를 쉽게 극복하지 못합니다. 자신이 잘할 수 있는 것에만 집중하고, 새로운 것이나 잘 못하는 것에 대해서는 거부하려는 경향성이 강합니다. 이러한 아동은 자신의 감정을 잘 표현하지 못하고 다른 사람이 어떻게 생각하고, 어떻게 볼 것인가를 중요하게 생각합니다. 성장기에 부족한 자신감은 심리적인 것보다는 물질적인 것이 많은 영향을 끼칩니다. 어떤 신발을 신고, 어떤 집에 살고, 어떤 차를 타는가? 이것을 극복하기 위해서는 아동에게 많은 시간과 사랑을 주어야 합니다. 사랑의 가치가 물질의 가치보다 소중하다는 것을 알려주어야 합니다. 스스로 자신의 가치를 높일 수 있도록 지도하여야 합니다.

▶ 안정감

안정감이란 어떤 사건이나 환경으로부터 압박이 없는, 그래서 자신과 타인 그리고 주변의 환경을 긍정적으로 바라볼 수 있는 이완되고 자유로운 심리 상태입니다.

4~5점 : 안정감 높음

안정감은 아동에게 긍정적인 가치관과 세계관을 가져다줍니다. 이 시기의 아동은 부모님의 사랑에 바탕의 둔 신뢰관계를 형성했는가의 여부에 따라 안정감을 느끼는 정도가 다릅니다. 아동은 비교적 부모님과의 애착관계가 긍정적으로 형성되어 있습니다. 아동은 이러한 신뢰를 바탕으로 또래집단과의 관계에서도 적극적이고, 자신에 맞는 목표를 설정하고자 합니다. 그러나, 가끔은 부모님의 사랑을 확인하고, 자신의 존재를 확인하려고 다소 엉뚱한 행동을 보여주기도 합니다. 일시적인 현상이므로 의심하지 말고, 적극적인 애정을 표현해주시는 것이 좋습니다.

3점 : 안정감 보통

이러한 아동은 정서적으로 안정적이면서도 어느 정도 심리적으로 긴장되어 있습니다. 이러한 수준의 심리적인 긴장상태는 몸과 마음의 활동성을 높여주고, 집중력을 높여주어 효율성을 향상시켜주는 기능을 합니다. 그러나, 이러한 수준의 긴장이라도 지속된다면 여러 가지 문제를 가져올 수 있습니다. 신체적으로는 혈관계 질환이나 성장을 늦출 수 있으며, 심리적으로는 우울증이나 무기력증, 심하면은 신경 질환까지 가져올 수 있습니다. 적당한 수준의 안정감을 유지할 수 있도록 도와주실 필요가 있습니다. 특히, 성장기의 아동은 언제 일하고, 언제 쉬어야 하는가에 대한 기준 자체가 없으므로, 적절히 휴식과 운동을 시켜줄 필요가 있습니다.

1~2점 : 안정감 낮음

불안 수준이 높아지고 안정감이 떨어지면, 불안에 대처하기 위해 자율신경 중

교감신경이 활발하게 움직입니다. 위가 수축되고, 심장박동이 빨라지며, 위험에 대처하는 호르몬인 부신피질 호르몬이 분비되어 동공이 확대되고, 신진대사가 활성화되어 개인이 가지고 있는 최대한의 능력을 발휘하도록 돕습니다. 그러나, 이러한 상태가 계속되면 두통, 피로, 식욕부진 등과 같이 신체적 기능 떨어뜨리는 증상이 나타나며, 조금 더 심해지면 천식, 우울증과 같은 질환으로 나타나기도 합니다. 이러한 상태까지 발전하는 것을 피하려면, 우선 불안을 제공하는 원인이 무엇인지를 찾아보아야 합니다. 불안의 원인이 통제가 가능하다면 아동 스스로가 직면해서 극복하도록 격려하고 지지해 주어야 합니다. 그러나, 통제가 불가능하면 일단 피하는 것도 한 가지 방법입니다. 연령이 높아지면서 아동의 능력이 자연스럽게 갖춰지는 경우도 많이 있으므로 다양한 경험과 지식을 학습할 수 있는 기회를 제공해야 합니다.

▶ 태도

태도란 사람들이 자기와 세상을 대하는 삶의 자세(life position)를 말합니다. 삶의 자세는 자기를 어떻게 생각하고 다른 사람을 어떻게 대하는지에 따라 결정됩니다. 가령 자기를 긍정적으로 생각하는지 부정적으로 생각하는지, 혹은 세상을 긍정적으로 보는지 부정적으로 보는지에 따라 삶의 자세가 달라지는 것입니다

4~5점 매우 긍정적인 태도

긍정적인 삶의 자세를 가진 아동은 자신에 대해서 그리고 다른 사람에 대해서 관대합니다. 그렇기 때문에 대인관계에 있어서도 적극적이고 주도적입니다. 속 없는 아이라는 평가를 받기도 하지만 건강한 자아를 형성하고 있는 것으로 판단됩니다. 자신에 대해서, 그리고 자신의 환경에 대해서 긍정적으로 생각하고 있기 때문에 현실적인 목표를 세울 줄 알고, 그 목표를 성취하는 과정에서 자아를 건강하게 성장시킬 수 있는 능력의 소유자입니다.

3점 긍정적인 태도

아동은 너무 부정적이지도, 너무 긍정적이지도 않은 태도를 가지고 있는 편입니다. 그렇기 때문에 조금 튄다든지 하는 특별한 행동을 하지 않습니다. 대인관계에서도 나름대로의 기준을 가지고 사람들은 상대합니다. 자신의 기준에 맞는 사람과는 친숙하게 지내지만 그렇지 않은 사람과는 웬만해서는 가까워지지 않습니다. 현재 생활에는 문제는 없지만, 좀 더 건강한 사람으로 성장하기 위해서는

자신과 세상을 좀 더 긍정적으로 봐야할 필요가 있습니다. 지금 현재 문제는 없을지라도 이후에 어려움에 부딪혔을 때 좌절하지 않고 슬기롭게 헤쳐나갈 수 있는 성숙한 자아를 형성하기 위해서도 약간의 도전정신과 긍정적인 삶의 태도가 필요합니다.

1~2점 부정적인 태도

부정적인 태도를 가진 아동은 자신이 사랑받지 못한다고 생각합니다. 그리고 자기의 능력에 대한 확신이 부족합니다. 이런 생각을 가진 아동들은 무조건 부모나 다른 사람들의 보살핌을 기대합니다. 그렇기 때문에 독립성이 없고, 혼자서 무언가를 계획해서 실천하지도 못합니다. 이런 삶의 자세를 가진 젊은이들은 부모님이나 선생님의 '이렇게 해라 저렇게 해라'하는 지시에 따르는 것이 편하다고 생각합니다. 우선 아동에게 자신에 대해서 긍정적인 태도를 갖도록 해야 합니다. 자신에 대해서 긍정적일 때 바깥세상에 대해서도 관심과 호기심이 생기는 것입니다. 스스로가 가치 있는 존재이며, 사랑받을 만한 자격이 있다고 느낄 수 있게끔 많은 대화와 관심을 기울여줄 필요가 있습니다.

5장

Chaos – 실컷 분노하라!

놀아주지 말고
같이 놀아라

두 살 터울에 아홉 살, 일곱 살 아들이 둘이다 보니 집은 전쟁터가 다름없다. 요즘 나는 주말 오전이면 겨우 돌 지난 막내딸과 함께 놀아준다. 솔직히 집사람과 두 아들이 교회를 가고 나면 어떤 식으로든지 빨리 재우고 한숨 더 자려고 애쓴다. 그나마 막내딸이 정말 예쁘고 순해서 엄마가 교회 가고 난 뒤, 이삼십 분 지나면 잠을 자고 엄마가 오기 전에 깬다.

"실컷 잤구만!" 아내는 들어오자마자 핀잔이다.

"무슨 소리야. 서율이 하고 지금까지 놀아줬는데. 지금부터 나는 한숨 자야 돼"

그러고서는 오후 시간에 또 한숨 자는 게 낙이었다. 그러면 아들들은 놀이터에서 놀든지, 산책을 가든지 동네방네를 뛰어다니면서 놀다 들어온다. 그렇게 일요일 하루가 지나간다.

그렇게 지내던 어느 날! 큰아들이 뭔 일에 아빠에게 화가 났는지,

"아빠는 놀아주지도 않고, 맨 날 술 마시고 늦게 들어오고, 맨 날 잠만 자고!"

그러더니 옆에 있던 집사람이 거든다.

"그러게 애들하고 운동도 좀 하고, 놀아줘야지 애들이 커가는 데 뭐 하는 거예요?"

아니 내 삶에 이런 일이 있을 줄이야. 아이들과 놀아줘야만 하다니. 어찌 되었든 애들하고 놀아주는 것도 아빠의 임무라고 생각해서 밖으로 억지로 나갔다. 집 근처 가까운 월드컵공원에 가서 연도 날리고, 이따금 캐치볼도 하고, 축구도 하고, 자전거도 탔다.

그런데 애들은 깔깔거리며 즐거워하는데 나는 재미도 없고 힘들기만 했다. 그러던 어느 날 어느 신문 기사를 보다가 문득 깨달았다.

"아이들과 놀아주지 말고, 함께 노세요!"

그렇다. 나는 아이들에게 선물하듯, 선심 쓰듯 놀아주려고 했을 뿐 내가 놀지를 못했다. 그러다 보니 재미도 없고 힘도 들고 핸드폰만 바라보게 된다. 그 기사를 본 다음부터 나도 지금부터는 애들과 놀아주는 게 아니라 놀기로 했다. 축구를 할 때도 애들만 차게 하는 것이 아니라 같이 차고 운동 삼아 게임도 하고 큰아들이 좋아하는 FC서울 축구 경기를 함께 관람하며 소리도 지르기 시작했다.

큰아들 규민이는 FC서울 박주영 선수를 좋아한다. 그래서 유니폼도 10번 박주영을 사고 박주영 선수가 나오면 환호한다. 요즘은 박주영 선수가 나이가 들어서 후반전에 교체 선수로 나와서 결정적인 역할을 하는 것까지 이해하고 설명하니 대견하기 그지없다. 이따금 집사람도 함께 간다. 그러다 보니 아이들과 주말 오후에 운동하는 시간이 행복해지기 시작했다. 그렇게 생각이 바뀌자 어느 날 큰아들의 지은 시에 아빠가 등장했다.

"나는 우리 아빠가 참 좋다. 이따금 축구를 같이 하고, 칭찬을 해주는 아빠가 좋다." 아빠 생일카드에도 축구가 등장한다. "아빠 생일 축하드리고요, 축구를 같이 해서 감사합니다."

그런데 얼마나 놀아주어야 할까? 하루 5분이면 된다.

SBS '영재발굴단'에 슈퍼대디 래리곽의 비밀이 공개됐다.

자녀 네 명 모두 미국 명문 대학에 진학시킨 아빠 래리곽이 등장했다. 첫째는 텍사스대학교 의과대학, 둘째는 브라운 대학교, 셋째는 코넬대학교 넷째는 노스웨스턴대학교 의과대학에 들어갔다.

2010년 타임즈 선정 '세계에서 가장 영향력 있는 100인'에 선정되기도 했던 세계적인 암 백신 전문의 래리 곽 박사는 5분이면 충분하다고 말한다. 백신 연구와 각종 회의, 서류검토 등 하루 24시간 내내 몸이 두 개라도 모자라다는 그는, 바쁜 와중에도 자녀 네 명을 모두 명문대에 입학시킨 슈퍼대디로 유명한데, 과연 하루 5분으로 그는 어떻게 아이들을 키웠을까?

래리 곽은 "제 생각으로는 모두가 5분의 시간은 가지고 있다. 거기서부터가 시작이다"라고 전했다.

밤늦게 퇴근하는 아빠. 퇴근 후 아빠는 휴대전화를 껐다. 가족에게 집중하기 위해 지켜온 원칙이다. 래리 곽은 "하루가 굉장히 짧았다. 제가 일을 마치고 집에 오면 자기 전까지 몇 시간밖에 없다. 아이들과 함께하기에는 짧은 시간이다. 그래서 그 시간만큼은 아이에게 전적인 관심을 주기로 했다"고 전했다.

이어 "5분 동안이라도 관심을 기울이면 아이들은 그 노력을 진정으로 느낄 수 있다. 5분이 짧다고 생각되겠지만 거기서부터 시작하는 거다"라고 말했다.

이날 래리곽의 넷째딸이 방학을 맞아 집에 왔다. 딸은 아빠를 보자마자 반갑게 안으며 인사했다. 래리곽은 옷을 갈아입고서 딸이 좋아하는 스포츠 프로그램을 함께 봤다. 딸이 관심 있어 하는 분야에 대해 대화를 나누며 두 사람은 화기애애한 시간을 보냈다.

하루 5분 아이들에게 집중하기. 아빠하기 참 쉽죠?

TV를 꺼야
한다면서요!

둘째 아들 규연이는 응용력이 뛰어나다. 아무래도 형을 보고 따라 하면서 크다 보니 발달 속도가 형이 자랄 때 보다 빠를 수밖에 없다.

몇 년 전 프란치스코 교황이 한국엘 다녀가셨다.

많은 인상을 남겼지만 방한 중 접했던 프란치스코 교황님의 어록 중에, "식사를 할 때는 텔레비전을 끄세요!"라는 말이 기억난다.

"애들아 교황님 알지! 저 텔레비전에 나오시는 분은 아주 훌륭하고 위대하신 분이시거든."

"저분께서 가족이 행복하려면 밥 먹을 때만큼은 텔레비전을 끄라고 말씀하셨거든. 알았지? 밥 먹고 보자."

"아앙! 싫어 싫어."

그러나 엄마의 힘 앞에 아이들은 텔레비전을 끄고 밥을 먹는다.

우리나라도 그랬지만, 이스라엘도 밥상머리 교육을 중시한다.

이런저런 애기들.

유치원, 학교에서 있었던 애기들, 이런 저런 궁금한 애기들, 가족이 함께 얼굴 맞댈 시간이 하루에 얼마나 될까? 어떤 자료는 아빠와 자녀들이 하루 대면하는 시간이 평균 6분 정도라고 한다.

한때 한 정치인이 〈저녁이 있는 삶〉이란 선거 캠페인을 들고 나왔을 때는 그 느낌이 별로 와 닿지 안 왔는데 아이들이 커가면서 점차 소중함을 알게 된다.

우리나라도 그랬지만 이스라엘도 밥상머리 교육을 중시한다. 한 때 정치인 손학규가 〈저녁이 있는 삶〉이란 선거 캠페인을 들고 나왔을 때는 그 느낌이 별로 와 닿지 안 왔는데 아이들이 커가면서 점차 소중함을 알게 된다.

"하브루타(chavruta)는 유대인 아이의 성장과 쭉 같이 갑니다. 어릴 땐 밥상머리에서 부모와 얘기하며 세상을 배우고, 커서는 다른 학생과 토론하며 다양한 논점을 듣고 논리적으로 말하는 법을 깨닫는 겁니다."

하브루타는 나이, 계급, 성별에 관계없이 두 명이 짝을 지어 서로 논쟁을 통해 진리를 찾는 것을 의미한다. 유대교 경전인 탈무드를 공부할 때 사용하는 방법이지만 이스라엘의 모든 교육과정에 적용된다. 유대인들만의 독특한 교육법이긴 하지만 공부법이라기보다 토론 놀이라고 봐도 무방할 정도다. 부모나 교사는 학생이 궁금증을 느낄 때 부담 없이 질문할 수 있는 환경을 조성하고 함께 토론을 이어가지만 답을 가르쳐 주지 않는다. 스스로 답을 찾을 수 있도록 유도만 한다. 답을 찾는 과정을 통해 지식을 완벽하게 체득할 수 있고 새로운 해결법을 찾아낼 수 있다는 것이다.

하브루타의 또 다른 장점은 새로운 아이디어를 끌어낼 수 있다는 것이다. '두 사람이 모이면 세 가지 의견이 나온다'는 이스라엘 격언은 이런 문화에서 나왔다. 탈무드 교육전문가인 헤츠키 아리엘리 글로벌

엑셀런스 회장은 "토론의 승패는 중요하지 않다"며 "논쟁하고 경청하는 것이 중요한 과정"이라고 강조했다.

전성수 부천대 유아교육과 교수는 '하브루타 전도사'로 알려져 있다. 전 교수에 따르면 하브루타는 안식일 저녁 유대인 가정에서 온 가족이 함께 식사를 하면서 경전·율법 내용을 토론하던 문화가 자리 잡은 것이다.

전 교수는 "토론, 즉 '말하기'는 '생각하기'를 전제로 하므로 하브루타 교육은 창의성을 크게 증진시켜 준다"고 분석했다. 일방적으로 강의를 듣는 교육 환경에선 졸거나 망상을 할 수 있지만, 말할 때는 오로지 말하기에만 집중해야 하기 때문이다. 전 교수는 "하브루타를 통해 논리력, 협상력뿐 아니라 자연스럽게 경청, 책임감, 공동체 의식 등도 터득할 수 있다"고 말했다. 전 교수는 한국에 하브루타 학습을 정착시키는 데 가장 큰 장애물로 '혼자서 공부하는 문화'를 꼽았다. 전 교수는 "하브루타 교육을 통해 함께하는 공부, 친구끼리 서로 가르쳐주는 공부 문화를 만들면 사회도 윤택해질 것"이라고 말했다.

그는 "아이가 어릴 때 얼마나 많은 질문을 쏟아내느냐. 질문이 끊이지 않게 이끌어주는 것이 바로 하브루타"라며 "황당한 질문을 해도 아이를 면박 주지 말아야 한다"고 말했다.

모처럼 금요일 저녁을 아이들과 함께 먹었다.

집사람이 큰아들에게 닭볶음탕을 할터이니 마트에 가서 당근, 양파, 당면을 사 오라고 한다.

그런데 큰아들이 가기 싫은 눈치인데다 오후에 방과 후 영어도 아프다고 안 하고 와서는 오후 내내 놀다 와서 피곤한 눈치다. 그래서 내가 다녀오겠다고 해서 집앞 마트에 가서 심부름도 하고 저녁하는 동안 막내딸과 놀다가 맛있는 저녁 밥상을 받았다.

두 아들은 이제 어느덧 식탁이 아닌 거실 밥상에 앉아도 통제가 되지만 이제 갓 돌 지난 막내딸은 호기심 천국이다. 이것도 저것도 만져보고 먹어보고 정신없다. 맛있는 밥상이 혼란스럽다. 그래서 필자는 켜져 있는 텔레비전을 껐다.그랬더니 집사람이 뉴스 좀 보게 커달란다.

그러자 둘째 아들 규연이가 한마디 한다.

"엄마! 밥 먹을 때는 텔레비전을 꺼야 한다면서요?"

내 딱지
다 내놔!

큰아들 규민이는 이따금 이기적이란 말을 듣는다. 요즘 많이 좋아지기는 했지만 동생이나 친구들이랑 노는 것을 보면 자기중심의 게임 규칙을 만들어서 자기중심대로 하고 싶어한다.

물론 아이들에게 이타적이고 남을 배려하고 존중하는 것을 처음부터 기대하는 것은 무리일 수 있다. 그러나 어느 때는 조금 지나치게 이기적이어서 걱정일 때도 있다. 하루는 딱지를 하나도 가지고 나오지 않은 큰아들이 형들 노는 틈에 끼어든다.

"형아! 나 딱지 한 장만 주면 안 돼?"

"그래, 너 한 장 가져"

동네 형이 흔쾌히 딱지를 준다.

그렇게 규민이는 동네 형들로부터 딱지를 8장이나 얻어서 그걸 가지고 형들과 딱지치기를 하고 논다. 그러나 서너 학년이나 위인 형들의 딱지를 따기란 여간 힘든 일이 아니다.

마침내 딱지를 다 잃고 난 규민이는 배짱이다.

"내 딱지 다 내놔!"

그것을 지켜보던 집사람이 살살 달래서 집에 들어오자마자 큰 소리가 난다.

"넌 왜 그렇게 이기적이니!"

"형들이 너한테 딱지까지 주고 놀아줬으면 되었지 잃은 딱지를 달라고 하면 어떻게 하니!"

"너 그러다 형들한테 맞을 수도 있어! 알았니!"

우리나라에도 번역된 『이기적 유전자』라는 책이 있다. 진화생물학 분야의 과학자치고 리처드 도킨스만큼 대중적 인기와 학술적 논쟁을 결합시킨 사람도 흔치 않다. 저자는 촉망받는 젊은 동물행동학자로 간결한 문체와 생생한 비유, 논리적인 전개를 갖춘 글로 능력을 인정받아 왔다. 도킨스는 자신의 동물행동학 연구를 유전자가 진화의 역사에서 차지하는 중심적 역할에 대한 좀 더 넓은 이론적 맥락과 연결시키기 시작했는데, 그 결과가 바로 『이기적 유전자』(1976)이다.

여전히 많은 논쟁의 대상이 되고 있는 결정론적 생명관, 즉 유전자가 모든 생명 현상에 우선한다는 저자의 주장에 동의하든 안 하든 인간이 이기적이라는 점을 완전히 배제할 수는 없다.

물론 어느 성직자나 수도승이나 예외는 있을 수 있지만 유전자 자체가 이기적일 수밖에 없는 생존적 이유는 있다. 그렇다 하더라도 자식이 너무 이기적으로 크는 것을 흐뭇하게 지켜볼 부모는 없다.

더 나아가 생명체 복제기술이나 인간의 유전자 지도의 연구로 여러 가지 질병의 정복 가능성이 높아지면서 그 어느 때보다 유전자의 영향력이 큰 비중을 차지하게 된 지금, 유전자에 의해 결정되는 인간과 인간의 사회적 행동은 학습이나 경험과 같은 후천적 경험을 통해 형성되는 인간 중, 어느 것이 인간 본질에 더 큰 영향을 미치는지 곰곰이 생각해 보게 한다.

어제오늘의 얘기는 아니지만 요즘 새롭게 이기주의에 관한 이야기들이 자주 등장한다. 리처드 도킨스의 『이기적 유전자』로부터 합리화되기 시작한 이기주의는 최근의 요리후지 가츠히로의 『현명한 이기주의』에 이르러 어리석음과 현명한 이기주의의 논쟁에까지 이르렀다. 사람의 생존에 꼭 필요하면서도 윤리적으로나 도덕적으로 억압되고 금기시되어온 가치관이자 생활 양식이며, 이기심이 겉으로 드러난 모습인 이기주의(eogism).

이기주의란, 원래 자기의 이해만을 행위의 규준으로 삼고, 사회 일반의 얘기는 염두에도 두지 않는 약간은 쾌락적이고, 자신의 공리(功利)만을 추구하는 이해 타산적인 것이다. 그런 이기주의도 속내를 들여다보면 몇 가지 유형으로 나눌 수 있다.

1. 올챙이 이기주의(instinctive egoism)

생명체는 정자와 난자가 만나 수정되는 순간부터 생존을 위한 무한한 경쟁에 돌입한다. 수억 마리의 정자 중에 누가 먼저 난자에 도달하고, 난자에 도달한 후부터 난자의 거센 뿌리침을 뚫고 목표를 달성하기 위해 치열한 전투를 치루고 생존하여야만 하는 처절한 본능적 이기주의이다. 이런 올챙이 시절의 이기주의를 가지고 있는 사람들은 다른 사람들의 존재는 타도해야 할 존재이며, 공존 공생이라는 말과는 거리가 멀다. 다른 사람들을 이겨야만 자신이 존재할 수 있기 때문에 생물학적으로는 이해할 수 있지만 사회 심리적으로는 미숙하고 불쌍한 이기주의에 속한다.

2. 사이코 이기주의(pathologic egoism)

병적 이기주의는 병적으로 이기주의를 나타내는 사람들을 말한다. 올챙이 이기주의는 그저 생물학적으로 생존을 위해 몸부림치는 것이지만, 사이코 이기주의는 그런 생물학적인 것을 넘어 사회 심리적인 의미를 내포하고 있다. 가령 사회생활에 실패했거나 인간관계에 실패한 사람들이 자폐적이고 퇴행적으로 자신과 자신이 속한 집단만을 위해 나타내는 이기주의, 자신이 속한 인종이 상대적 박탈감에 빠져 있다고 생각하며, 자신이 속한 집단과 인종의 생존만을 위해 다른 집단이나 인종은 타도해야 해야 한다고 생각하는 병적 이기주의가 사이코 이기주의이다. 가장 심각하고 개인적으로나 사회적으로 부작용이 가장 큰 이기주의이다.

3. 하루살이 이기주의(survival egoism)

산업 사회를 살기 이전부터 사람들은 사회적으로 경쟁하고 경쟁에서 살아남기 위해서는 자신을 갈고닦고, 다른 사람과 경쟁해서 이겨야만 했다. 이렇게 사회적으로 생존하기 위한 이기주의가 하루살이 이기주의이다. 생물학적인 생존이 아니라 사회적 생존을 위한 몸부림을 정당화하는 사회 생존적 이기주의는 다른 사람보다 능력이 있어야 하고, 다른 사람보다 잘나야 하기 때문에 다른 사람의 성공보다는 상대적으로 자신의 성공에 관심을 가질 수밖에 없다. 내일보다는 오늘 당장 발등에 떨어진 불을 꺼야만 하는 것처럼 행동하는 하루살이 이기주의는 제로섬 게임의 사회에서, 경쟁 사회에서 하루하루 살아남기 위한 생존 전략이라고 할 수 있다.

4. 나 홀로 이기주의(individual egoism)

다른 사람과 조직을 위해 최선을 다하는 것 같지는 않지만, 그렇다고 자신이 할 일을 등한시하지도 않는 사람. 꼬투리 잡을 것은 없지만 어딘지 모르게 얄미운 구석도 있는 이기주의자. 최소한의 사회적 의무를 수행하면서도 다른 사람들의 일에는 개입하지 않고, 자신의 삶과 복지, 안녕에만 관심을 갖는 이기주의가 나 홀로 이기주의이다. 이런 사람들은 자신은 할 일을 다 하고 있으니 자신의 일에 이래라저래라 하지 말라는 식으로 행동한다. '내가 당신의 일에 관여하지 않듯이 당신도 나의 일에 관여하지 말라.' 현명하다고 할지 얄밉다고 해야 할지 모르지만 자신의 의무를 다하고 자신의 삶에 실속을 챙기는 스타일이기 때문에 그런 사람들의 삶에 간섭하기는 쉽지 않다. 그런 간섭 자체가 나의 이기주의적 행동일 수 있으니까. 하루살이 이기주의는 경쟁 속에 존재한다면, 나 홀로 이기주의는 직접 경쟁하기보다는 경쟁을 슬쩍 비켜간다는 점이 다르다.

5. 무아적(無我的) 이기주의(surpetive egoism)

에드워드 드 보노는 경쟁 시대를 넘어 창조의 시대에는 경쟁(competition)보다는 초 경쟁(surpetition)을 해야한다고 주장했다. 생존을 위해 남보다 앞서 나가기 위한 경쟁보다는 다른 사람과의 경쟁을 넘어선 초(超) 경쟁 속에 고독하면서도 창조적인 자신과의 경쟁을 하는 것이 무아적

이기주의이다. 나 홀로 이기주의가 자신의 삶과 복지를 위한 개인주의적, 소아적 이기주의라면 무아적 이기주의는 자신을 갈고닦는 이기적 행동은 비슷하지만, 결국에는 다른 사람들의 삶과 복지에 긍정적인 영향을 미치는 종교적, 철학적, 이상주의적 이기주의이다. 인생을 마라톤에 비유한다면 전반까지는 다른 사람과 경쟁해야 하지만 후반에는 자신과의 고독한 레이스를 펼쳐야 하는 것처럼 우리의 삶도 경쟁을 넘어 자신과 초 경쟁하며, 자신의 목표와 꿈을 완성하기 위한 자기실현, 자기완성적 이기주의가 무아적 이기주의이다.

내 아들들이 이기적이지 않았으면 좋겠다. 물론 사람이 완전히 이기성을 버릴 수는 없다. 그러나 동생을 배려하고, 남을 배려하고, 내가 조금 손해 보더라도 참고 견뎌낼 수 있는 아이로 자랐으면 좋겠다. 그러나 오늘도 규민이와 규연이는 다툰다. 형이 터닝 매커드 장난감을 가지고 놀자 동생은 다른 것도 많은데 굳이 형이 가지고 있는 것을 달라고 한다.

"규민아 동생한테 양보해."

"너는 다른 거 가지고 놀면 되잖아'"

"아빠! 나는 왜 동생에게 양보만 해야 되는 되요?"

"규연이는 한 번도 양보하지 않잖아요."

둘째들의
반란

레닌, 호치민, 카스트로, 람세스, 임꺽정 등 이들의 공통점은 무엇일까? 모두 차남이라는 점이다.

차남인 둘째 아들 규연이가 무언가 잘못하고서는 뉘우치지 않으니까 집사람이 화가 난 모양이다.

"너 나가!"

"나가 있으라고."

울먹거리며 문 앞에 서 있던 규연이.

"엄마! 엄나는 '나가 있어'라는 말씀을 어디서 배웠어요?"

"나가 있으라구!"

"아니, 그러니까. '나가 있어'라는 말씀을 어디서 배웠냐고요?"

큰아들에게서는 못 듣던 말이다. 교회에서 성경 말씀을 공부하니 말씀이라는 단어는 들어봤고, 겨울 찬바람에 나가기는 싫고. 나가 있으라면 나가야지 둘째 아들은 끝내 문 밖으로 나가지 않고 엄마에게 따지고 든다. 둘째 아들 규연이는 형을 무척 좋아한다. 그런데 가만히 지켜보고 있으면 형을 이기려고 하고 형보다 더 열심히 하려고 한다.

‘형보다 나은 아우 없다’는 말을 뒤엎는 ‘형보다 나은 아우 있다’는 이런 동생들의 반란은 출생 순위와도 연관이 있다.

미국 MIT 대학의 프랭크 설러웨이는 〈반항아로 태어나다〉(Born to rebel)에서 반항아를 차남이라고 단정했다. 그는 역사적으로 유명한 6,500명의 인물을 조사해 장남과 차남의 성격 차이를 분석한 결과 급변하는 정보화 현대 사회를 살기 위해서는 장남보다는 차남이 적합하다고 주장했다. 특히 기업을 경영하고, 변화를 필요로 하는 기업일수록 차남을 경영자로 뽑아야 한다는 것이다. 그래서인지 우리나라 롯데, 한라, 풍산그룹 등 쟁쟁한 대기업들이 차남에게 경영권을 물려주고 있다.

전직 대통령 차남의 반란을 들먹이지 않더라도 동생들이 형을 누르고 부모의 관심을 차지하려는 작은 쿠데타는 일상생활에서 늘 있어왔다.

사람들은 출생 순위(sibling order)에 따라 성격이 다를까?

아이들은 왜 동생이 태어나면 질투를 하는 것일까?

이런 물음에 답을 구하기 위해서는 프로이트의 제자이면서 독자적인 정신분석을 개척한 아들러(1870~1937)를 알아야 한다. 그는 부유한 비엔나의 가정에서 1870년 2월 7일 여섯 아이들 중 둘째로 태어났다. 프로이트와 마찬가지로 아들러는 유대인 집안에서 태어났으나, 프로이트와는 달리 그는 자신이 유대인임을 별로 의식하지 않았다. 그가 자란 지방엔 유대인 아이들이 거의 없었기 때문에 그의 억양이나 일반적인 외모는 유대인이라기보다는 오히려 비엔나 사람 같았다. 프로이트가 반유태주의에 대해 자주 이야기했던 것과는 달리 아들러는 그것을 거의 언급하지 않았고 성인이 되어서는 신교로 전향했다.

그러나 아들러는 어린 시절 큰형의 질투심으로 고통스러운 경험을 했기 때문에, 어린 시절을 불행한 시기로 기억했다. 유대인 가족의 차남이었던 아들러는 갓난아기 시절에는 어머니로부터 따뜻한 사랑을 독차지하는 응석받이었다. 하지만 어린 동생이 태어나자 아들러는 응석받이의 위치를 잃는 슬픔 병을 앓아야만 했다. 어릴 때의 이런 기억들은 후에 아들러가 출생 순위 가설을 만들게 하는 결정적인 계기가 되었다.

사람들은 사회라는 커다란 장(場) 속에서 서로 영향을 주고받으며 사는 사회적 동물이다. 그래서 주위에 새로운 사람이 나타나거나 환경이 변하면, 개인의 심리적 신체적 대응도 그에 따라 변하기 마련이다.

우리는 어린아이들이 자기가 가지고 있는 장난감에 싫증을 느껴 가지고 놀지 않다가도, 이웃집 꼬마가 놀러 와서 자기 장난감을 가지고 놀려고 하면, 자기 것이라고 만지지도 못하게 하는 경우를 흔히 볼 수 있다.

"안돼. 이건 내꺼야."

그러면서 평소에는 관심도 없던 장난감을 혼자만 가지고 논다. 이웃집 아이가 그 아이에게 사회적 영향을 미친 것이다. 이러한 원리와 마찬가지로, 동생이 태어나면서부터 형이나 누이의 행동이 눈에 띄게 변한다. 대개는 더 어려진 듯한 행동을 보이거나, 동생에 대한 질투를 표현한다.

왜 아이들은 동생이 태어나면 이전과는 다른 행동을 보일까?

이에 대해 심리학은 사회적 영향이라는 개념으로 설명한다. 그러나 단순히 동생이 태어남으로써 집안의 역학적 장(dynamic field)이 바뀌었기 때문이라고 답하기에는 뭔가 허전함 감이 남는다. 그래서 등장하는 개념이 상사병, 퇴행 등의 심리현상이다. 물론 이러한 현상들의 밑바닥에도 사회적 영향이라는 조건이 전제되어 있다.

앞서 살펴보았듯이, 아이들도 성욕을 가지고 있다는 것이 정신분석학자들의 공통된 견해다. 아이들의 행동을 유심히 관찰해보면, 아이들 나름대로 성적 욕구를 가지고 있음을 알 수 있다. 성적인 결합을 전제로 하지는 않지만, 아이들은 부모를 사랑의 대상으로 삼아 나름대로의 사랑 표현을 한다. 그러다가 동생이 태어나면 형이나 누이는 부모의 사랑을 동생에게 빼앗긴 것으로 생각하게 되고, 이때부터 사랑의 대상을 잃은 상실감에 빠져들게 되는 것이다.

잘 가리던 대소변도 못 가리고, 밥도 잘 안 먹고, 말썽만 피우고, 엄마가 안 보는 데서 동생을 괴롭히고, 때로는 말조차도 안 한다. 아이 나름대로 사랑을 잃은 슬픔을 느끼고 표현하는 것이다. 이러한 아이들의 반응은 성인들의 상사병과 유사하다. 사랑하는 사람을 보고 싶어도 볼 수 없을 때, 안고 싶어도 안을 수 없을 때, 누군가에게 빼앗겼을 때 느끼는 상사병을 이미 어린 시절부터 경험하는 것이다.

이렇게 동생이 태어나면서부터 잘 가리던 대소변을 못 가리고 갓난아기와 같이 행동하는 현상은 퇴행이란 개념으로도 설명할 수 있다. 퇴행(regression)이란 발달이나 진화에 있어서, 뇌에 장애가 있거나 감정적 충격을 받았을 때 경험하는 원시적 반응이나 히스테리적 반응을 말한다. 특히 정신분석에서는 성적 욕구를 채우기 힘들 때, 즉 욕구가 좌절되었을 때 과거에 쾌감을 얻었던 행동을 함으로써 욕구를 충족시키는 현상을 퇴행이라고 한다. 퇴행은 일시적 또는 장기적으로도 나타나는데, 동생이 생겨서 나타나는 퇴행은 대개 일시적인 경우가 많다.

유아의 성욕에 의한 상사병이든 성적 욕구 좌절에 의한 퇴행이든, 동생이 생겼을 때 변하는 형이나 누이의 심리와 행동 변화를 통틀어 '아우 타는 병'이라고 한다. 이러한 현상이 심해지면 앞에서 살펴보았던 카인 콤플렉스로 나타날 수도 있다. 이렇게 형성된 카인 콤플렉스는 형제간의 질투, 반복, 싸움의 심리적 근원을 이루게 되는 것이다.

아이들의 세계를 지켜보다 보면, 아이들이 사랑과 미움과 질투의 감정을 일찍이 배운다는 것을 알 수 있다. 물론 아우 타는 병은 얼마 지나지 않아 자연스럽게 해소되는 경우가 대부분이다. 그러나 딸을 낳은 다음 아들을 보았을 때와 같이 계속적으로 부모가 동생에게만 온갖 사랑을 베풀어준다면, 그 아이는 어린 시절부터 커다란 심리적 외상(外傷)을 경험할 수도 있기 때문에 주의해야만 한다.

아들러는 사회적인 요인이 성격에 미치는 영향을 강조하면서 개인의 출생 순위가 생활양식의 형성에 중요한 영향을 미친다고 주장했다. 부모가 같고 거의 같은 가정환경에서 자란 아이들일지라도, 그들이 동일한 사회적 환경을 갖는 것은 아니다. 어린 시절 가정환경은 한 아동의 생활양식 형성에 큰 영향을 준다. 그 환경이란 한 아동이 자기 형제자매보다 나이가 위거나 아래인 경우, 동생이 많이 생기는 경우, 또 부모의 교육 수준이 높거나, 특별한 환경에 처해 부모의 태도나 가치관이 달라지는 상황 등이다. 킬 것은 지키고, 놀 것은 노는 그런 사람이 필요한 시대다. 일곱 살이면 이제 자신의 색깔을 갖기 시작할 나이이다. 의사 표현도 제대로 해야 하고, 사회생활에 필요한 에티켓도 배워야 한다. 그러나 무엇보다 자유 의지(free will)를 가진 자유로운 행위자(free agent)가 되어야 한다.

형과 다르더라도, 형에게 한 대 맞더라도 자기만의 주장을 펼 줄 알고 자기 좋아하는 것이 무엇인지를 명확하게 밝힐 줄 아는 아이로 키워야 한다. 자기가 느끼는 느낌을 표현하도록 돌봐줘야 할 때이다. 일곱 살 무렵 형과 다투는 것은 성장하고 있다는 증거다.

꽃으로라도
때리지 말라고?

세계사에 큰 족적을 남긴 교육자는 많지만 교육 철학 때문에 목숨을 빼앗긴 경우는 없다. 〈프로그레시브 에듀케이션 클래식〉 시리즈의 두 번째 책인 『꽃으로도 아이를 때리지 말라』는 교육자로서 유일하게 사형을 당한 프란시스코 페레의 자유 교육에 대한 열망이 고스란히 담겨 있다. 그 후 한국의 유명한 탤런트이자 봉사 활동을 하시는 탤런트 김혜자 씨가 지난 10년간 민간구호단체 '월드비전'의 친선대사로 세계 곳곳의 버려진 아이들과 부녀자들을 찾아 이들을 도운 체험을 쓴 수필집 『꽃으로도 때리지 말라』(오래된 미래)를 통해 익숙해진 말이다.

그러나 아이를 키우다 보면 정말 아빠이자 심리학자인 나도 화가 날 때가 한두 번이 아니다.

집사람이야 이루 말할 수 없고, 초저녁 이 글을 쓰고 있는 건너편 아이들 방에서는 집사람과 큰아들이 숙제를 두고 오가는 날카로운 소리가 들려온다. 어떻게 해야 할까?

결론부터 내리자면 몽둥이나 빗자루 빨래 방망이 보다는 꽃으로 때리는 것이 더 났다. 아무것도 안 하는 것보다는 부드럽게 꽃으로 때리는 것이 차라리 더 났다. 어떤 일을 하지 못하게 만드는 가장 간단한 방법은 처벌의 위협을 주는 것이다. 위협을 받을 경우 다소간의 차이는 있겠지만 변하기 마련이다.

아이들이 말을 듣지 않으면 부모는 야단을 치거나 회초리를 들어 위협을 주고, 학생들이 학교 규칙을 지키지 않으면 교사는 교칙에 따라 제재를 가한다. 이러한 모든 것은 상대를 위협함으로 태도와 행동을 변화시키려는 시도다. 그렇다면 어느 정도의 위협이 가장 효과적일까? 위협이 강하고 무서울수록 효과도 당연히 높아지게 되는 것일까?

이러한 물음에 답하기 위해 애론슨과 칼스미스(1963), 프리드먼(1965)은 아동을 대상으로 실험을 했다.

아이들에게 한 소쿠리 가득 장난감을 보여주고 나서, 그중 한 장난감은 가지고 놀지 못하게 했다. 아이들은 그 특정 장난감을 가지고 놀면 약한 처벌을 받게 될 것이라는 위협을 받거나(약한 위협 조건) 심한 처벌을 받게 될 것이라는 위협을 받았다(강한 위협 조건). 그 결과 아이들은 위협의 수준과 상관없이 장난감을 가지고 놀지 않았다. 두 가지의 위협이 그러한 행동을 못 하게 할 만큼 강했기 때문이다.

그런 다음 두 조건의 아이들에게 금지된 장난감을 어떻게 생각하는지 물어보았다. 그랬더니 약한 위협을 받은 아동들은 그 장난감이 별로 재미없다고 평가절하했다. 장난감을 가지고 놀지 못한 게 위협 때문이 아니라 장난감이 재미없기 때문이라고 해석한 것이다. 반면에 강한 위협을 받은 아동들은 단지 위협 때문에 그 장난감을 가지고 놀지 못한 것이라고 대답했다.

실험 몇 주 후에 아이들이 다시 장난감을 가지고 노는 모습을 관찰했더니 약한 위협을 받았던 아이들이 강한 위협을 받았던 아이들보다 금지된 장난감을 외면하는 경향이 더 짙었다.

이 실험 결과는 아동들의 태도와 행동을 바꾸는 데 있어 처벌의 위협이 반드시 클 필요가 없음을 가르쳐주고 있다. 최소한의 위협을 받을 때가 오히려 가장 효과적이었던 것이다. 때로 처벌은 부드러울 때 더 효과적일 수 있다.

아들이 아빠에게
덤빈 날

애들도 엄마나 아빠한테 덤빌 때가 있다.

쥐도 궁지에 몰리면 고양이를 문다는데 고양이를 이기지는 못해도 죽기 살기로 덤빌 수는 있다. 내 아들도 나에게 덤빈 적이 있다. 밖에 있던 아내가 어느 날 아이들과 집에 있던 나에게 전화를 했다.

"여보 애들 심심할 텐데, 집에 있지 말고 애들 놀이방에 데려가세요"

나는 수화기를 든 체, 큰아들에게 물었다.

"놀이방 갈래?"

"아니요. 나 TV 볼 거예요."

'애들 놀이방 안 간다네.'

그랬더니 큰아들이 갑자기 돌변해서 울면서 아빠에게 덤빈다.

"내가 언제 그랬냐고. 놀이방 갈 거라고!"

"야! 니가 안 간다고 했잖아."

"뭐야! 언제 그랬냐고?"

그러면서 아빠에게 힘을 쓰며 덤비는 게 아닌가. 어이가 없다. 결국 내가 애를 꼭 끌어 앉고 움쩍달싹도 못 하게 만들고 나니 그제 서야 몸에서 힘이 빠지면서 포기한다.

아빠를 닮아가면서도 아빠가 사라졌으면 하는 오이디푸스 콤플렉스인가. 이럴 때 보면 아빠나 엄마들은 아이들이 완력으로 덤벼들면 어떻게 해야 할지 무척 난감하다.

다행히 우리 집은 엄마 아빠가 아직까지는 힘이 세서 다행인데, 나 같은 경우는 늙어 고생하기 전에 건강하던지, 애들과 떨어져 살든지 해야할텐데…

하루를 지내다 보면 몇 번씩이나 화나는 일을 겪게 된다. 출근길 지하철에서 이리저리 밀리고, 운전 중에 다른 차가 갑자기 끼어들고, 회사에 출근하니 상사가 일을 독촉하고, 퇴근길에 술 한잔하는데 옆자리에 앉은 사람이 뭘 보느냐고 시비를 건다. 그러나 사람들은 화가 나도 그 감정을 다 표현할 수 없다. 무능해서도 아니고 못나서도 아니다. 그것은 사람들이 다른 사람들과 조화를 이루며 살아가야만 하는 사회적 동물이기 때문이다. 그럼에도 불구하고 분노를 참지 못하고 터뜨리는 사람들도 적지 않다. 교도소와 구치소는 항상 사람들로 가득하고, 매 맞는 아내와 남편, 학대받는 아동, 강간 피해자, 폭행 피해자들이 억울함을 제대로 하소연도 못 하고 살아가는 일들이 허다하다.

심리학자들은 사람들이 어떤 상황에서 분노의 감정을 느끼고 공격행동을 표현하는가를 놓고 많은 연구를 했다. 한 가지 분명한 것은, 일반적으로 사람들은 다른 사람들로부터 의도적인 공격을 받았다고 느끼거나 자기가 얻고자 하는 것을 얻지 못했을 때 분노를 느낀다는 점이다. 특히 욕구좌절frustration은 분노의 주된 원천이라고 할 수 있다.

욕구좌절은 목표달성이 방해되거나 막히는 것을 말한다. 만일 누군가가 어떤 곳을 가기를 원하거나, 어떤 행위를 하려고 하거나, 무언가를 얻고자 하는데 그러한 일을 할 수 없거나 못하게 되면 그 사람은 욕구가 좌절되었다고 할 수 있다. 돌라드는 이러한 욕구좌절이 공격성의 원인이라는 '욕구좌절 공격가설'을 주장한 바 있다(1939).

아이들의 공격 행동을 줄이려면

처벌과 보복 : 공격 행동을 했을 때 처벌받을 가능성과 보복당할 가능성이 높다고 지각하면 공격 행동은 감소한다. 그러므로 사회에서 공격 행동을 줄이려면 합리적이고 공정한 사법제도가 확립되어야 한다.

욕구좌절의 감소 : 경제적 부가 고르게 나뉘는 평등 사회. 기회가 똑같이 제공되는 평등한 세상을 확립함으로써 욕구좌절의 가능성을 줄여야 한다.

학습된 억제 : 공격성을 통제하는 방법을 학습시킨다. 가정교육이나 학교 교육에서 공격에 대한 죄의식을 키워줌으로써 공격 행동을 억제하도록 한다.

전위 : 어떤 사람이 너무 강하거나, 눈앞에 없거나, 보복이 불안하고, 공격 행동이 상당한 손실을 줄 것이라고 지각할 때는 공격의 대상을 바꾸게 된다. 마치 시어머니에게 야단맞은 며느리가 강아지 옆구리를 걷어차는 행동으로 공격성을 해소하는 것처럼 말이다.

정화 : 프로이트가 주장한 개념으로, 공격적 에너지를 풀어냄으로써 공격성을 감소시킬 수 있다. 즉, 공격을 당하면 공격을 함으로써 공격성과 공격 행동을 감소시킬 수 있다는 주장이다. 그러나 공격 행동의 정화는 반드시 직접적일 필요는 없으며 간접적 방법(폭력물 시청, 스포츠, 오락 등)을 통해서도 가능하다.

형아가 대장이야?

형이 동생에게 지시를 한다.

"너는 이 총을 들고 저기에 서 있어."

"싫어. 나는 저기에서 싸울 건데."

"아냐. 너는 저기에 서서 총을 가지고 싸워."

"뭔 말이야. 형아가 대장이야?"

동생은 형이 시키는 대로 고분고분하지 않는다. 그러면서 여기는 내 땅이고 나는 총보다는 칼을 가지고 싸우겠단다. 사람들은 남의 의견이나 지시를 그대로 따르는 것을 싫어하는 속성을 가지고 있다.

심리학자인 아들러(Alfred Adler)는 인간이 열등간을 극복하는 과정에서 빚어지는 우월 콤플렉스(superiority complex) 때문이라고 주장했다. 아들러는 인간의 성격은 열등감(inferiority feeling)을 극복하는 과정에서 이루어진다고 보았다. 아들러 자신도 어린 시절 구루병을 앓아 4살 때까지는 제대로 걷지도 못했고, 이후에도 폐렴, 교통사고 등으로 갖가지 고생을 겪었다. 게다가 그는 공부도 잘 못 해서 학교 선생님이 학교를 그만두고 제화공이나 되라고 할 정도로 열등한 아이였다. 그러나 아들러는 그러한 자신의 열등감을 인내와 노력으로 극복하고 우수한 학생이 되었을 뿐만 아니라, 성장해서는 훌륭한 심리학자가 되었다.

어린아이들은 무기력하기 때문에 성인들에게 의지해서 커야 한다. 아이들은 성장하면서 가족 중 자기보다 더 크고, 더 강하고, 더 힘센 사람과 자신을 비교하며 자신이 열등하다는 생각을 갖게 되는데, 이런 현상은 모든 사람들이 공통적으로 경험하는 것이다. 이러한 열등감은 인간으로서 성숙하고, 사회적으로 성공하고, 자신의 잠재력을 실현하기 위해서 꼭 필요하다. 왜냐하면 사람들은 열등감을 보상하기 위해 성장하고 발전하려는 노력을 기울이기 때문이다.

그러나 열등감을 극복하기 위한 노력이 어떤 이유로든 실패할 경우엔 열등감을 더 약화되어, 이른바 열등 콤플렉스(inferiority complex)로 나타난다. 열등 콤플렉스는 병적인 열등감이다. 아들러는 열등 콤플렉스에 빠지기 쉬운 조건으로 신체적 결함이 있는 경우, 응석받이로 크거나 방임적으로 키워지는 경우 등을 들고 있다. 열등 콤플렉스를 가진 사람들은 자신의 병적인 열등감을 극복하기 위한 반작용으로 자신의 신체 능력, 지적 능력, 경제 능력, 사회적 지위와 역할 등을 실제보다 과장하는 경향이 있다. 이러한 현상은 열등감을 극복하기 위한 노력이 왜곡되어 표현되기 때문에 나타난다.

사람들이 추구하는 자기 성취, 성장, 능력 함양을 위한 모든 노력의 근원은 결국 열등감이다. 그러나 사람들은 단순히 열등감을 극복하려는 것 이외에, 세상을 창조하고 고난을 극복하려는 동기를 가지고 있다. 이것이 바로 인간의 기본적인 동기 중 하나인 우월 추구(striving for superiority) 동기다. 우월 추구는 인간의 생활을 지배하는 기초적인 동기다. 아들러는 '인생은 우월에 대한 추구 없이는 생각할 수도 없는 것'이라고 주장하면서 우월 추구가 인생을 결정하는 데 매우 중요한 것임을 강조했다.

인간은 누구나 위대해지고자 하는 향상 욕구를 가지고 있으며, 이 것은 마이너스에서 플러스로, 아래에서 위로, 미완성에서 완성으로 나가려는 인간의 동기로 작용한다. 이러한 개념은 만물이 질서에서 무질서로, 유에서 무로, 완성에서 파괴로 향한다는 '엔트로피 법칙(law of entropy)의 가치관과는 정면으로 대치되는 개념이다. 프로이트(Sigmund Freud)가 엔트로피 법칙을 수용해서 부정적인 인간관을 취했다면, 아들러는 우월 추구 동기를 통해 긍정적인 인간관을 취했다고 볼 수 있다.

이러한 우월 추구 동기는 열등감을 극복하도록 자극한다. 하지만 현실을 무시한 과도한 목표 설정이나 열등감을 감추기 위한 어색한 몸부림은 자신이 우월하다는 착각 속에 과장된 몸짓과 언어로 나타나기도 한다. 그 과정이 바로 우월 콤플렉스의 발현인 것이다.

사람들은 우월해지고 싶은 동기를 누구나 가지고 있다. 하지만 세상만사가 다 자기 뜻대로만 되지는 않는다. 결국 자신의 목표에는 이르지 못하고, 꿈과 이상에만 얽매여 우월하다는 착각에 빠지게 되면 바로 우월 콤플렉스가 나타나는 것이다.

우월 콤플렉스를 가진 사람들은 흔히 주위 사람들에 의해 과장되고, 건방지고, 이기적이고, 풍자적이거나 냉소적이라는 평가를 받는다. 이런 사람들은 자기가 열등하다는 것을 인정하는 자기수용력이 거의 없다. 오히려 남을 업신여김으로써 자신의 자존심을 세우려고 한다. 이런 과정에서 소꼬리보다는 닭 머리라도 되어 우월 추구의 동기를 충족시키려는 현상이 발생하게 되는 것이다.

사람들은 누구나 마음 한구석에 열등감을 가지고 있다. 열등감을 주장한 아들러는 그랬고, 필자도 그렇고, 이 글을 읽고 있는 독자들도 그러할 것이다. 그러나 그러한 열등감을 인정하며 부족한 만큼 채우려는 노력을 하지 않고, 자신의 열등감을 감추고 억압하려고만 한다면, 오히려 병적인 열등 콤플렉스나 우월 콤플렉스가 될 수 있다.

누구나 잘난 것을 가지고 있으면 못난 것도 가지고 있다. 나만 열등하다는 생각, 나만 우월하다는 착각은 자신의 발전을 가로막는 가장 큰 걸림돌이다. 자신의 열등한 점을 감추려고 하기보다는 스스로 인정하고, 그 대신 자신의 장점을 살리려는 노력을 기울이는 것이 더 바람직하다. 있는 그대로 자신을 받아들이고 우월을 추구하는 것은 건전하고 창조적인 삶의 밑거름이 되지만, 자신의 능력과 현실을 거부한 우월 추구는 병적이고 파괴적인 삶만을 가져다줄 뿐이다.

우두머리가 되고 잘나고 싶은 마음이야 사람이라면 누구나 갖는 심리적 동기기 때문에 탓할 수는 없다. 그러나 자신의 능력과 현실을 무시한 채 그저 우두머리 자리에 앉으려는 사람들, 우두머리가 되지 못한다고 집단을 떠나거나 다른 집단을 만드는 행동을 빈번히 하는 사람들은 사회적으로나 심리적으로 병적이라고밖에 볼 수 없다.

꾀병 아닌
꾀병

어느 날 방과 후 영어를 하지 않고 큰아들이 일찍 왔다.

"오늘은 왜 이렇게 일찍 오니?"

"머리가 아프고 어지러워."

"어제 친구랑 놀다가 머리를 부딪쳤는데 그것 때문인가 봐"

"그래. 그럼 병원 가봐야지?"

"아냐, 병원은 안 가도 될 것 같고 잠시 쉬면 될 것 같아."

늦게 시작한 방과 후 영어를 좋아하는 큰아들이 갑자기 꾀병을 부리는 듯했다. 잠시 누워서 쉬던 큰아들은 놀이터에서 친구들 목소리가 들리자 언제 아팠느냐는 듯 쏜살같이 달려 나간다.

몸이라도 아파서 그 핑계를 대면 좋으련만, 아프지도 않다. 이럴 때 등장하는 것이 바로 꾀병이다. 꾀병이란 누구나 다 알고 있는 것처럼, 거짓으로 아픈 체하는 것이다. 어렸을 적 학교에 가기 싫으면 꾀병을 부리곤 했던 기억을 누구나 가지고 있을 것이다. 꾀병은 일종의 부작용 현상이다. 사람들은 성인이 되고 나서도 세상사 많은 어려운 일들에 부딪히게 되면, 어린 시절의 꾀병과 같은 부적응 현상을 보인다. 걸

프전에 참전한 한 병사가 어느 날 갑자기 아무것도 들리지 않는다고 호소한다. 그에게는 고향에 두고 온 처자식이 있고, 부모님도 살아 계신다. 살아 돌아가 처자식을 돌봐야 하고 부모님도 모셔야 한다. 더구나 남의 나라 전쟁에서 죽는 것이 억울하다. 어떻게 해서든지 살아 돌아가야만 한다. 그렇다고 후방에서 근무하도록 전출도 안 되고, 부상당하거나 아프지 않으면 도저히 이 전쟁터에서 살아 돌아가기 힘들 것 같다. 이런 소망이 끝내 그 병사의 귀가 들리지 않는 증상으로 나타난 것이다.

이것은 분명히 꾀병이라 할 수 있다. 그러나 우리가 흔히 말하는 꾀병과는 다르다. 우리들이 일반적으로 알고 있는 꾀병은 아프지 않은데도 불구하고 아픈 체하는 것이지만, 이 사람의 경우에는 실제로 아무것도 들리지 않는다. 이 사람과 같이 전쟁터에서 일어나는 심리적 원인에 의해 발생되는 심리적 장애를 통틀어 전쟁신경증(war neurosis)이라고 한다.

이처럼 자기가 원치 않는 상황에서 벗어나려는 소망이 신체적 질병으로 나타난 경우에는 의사들도 증상의 원인을 찾기 힘들다. 어느 날 갑자기 걷지도 못하고 일어서지도 못할 만큼 전신이 마비되었지만, 아무리 진찰해도 그 원인을 찾을 수 없다. 그럴 수밖에. 질환의 원인이 심리적인 것에 있기 때문이다.

프로이트는 이러한 꾀병 아닌 꾀병을 병으로 도망치는 현상이라고 설명했다. 이것은 동물의 위사반사(僞死反射)와 비슷한 데가 있다. 동물이나 곤충 중에는 적이 나타나면 죽은 듯이 움직이지 않는 종류가 있다. 죽은 것 같은 모습을 보여줌으로써 적으로부터 생명을 보호하는 것이다. 유사한 원리로 사람들은 심리적으로 커다란 스트레스에 직면하면, 놀라운 반응을 보인다. 어떤 상황에 대해 심리적으로 크게 놀라서 나타나는 이러한 반응을 경악반응이라고 한다. 경악반응은 지랄발광을 하는 운동폭발, 넋이 나가버리는 운동 마비, 정서적으로 아무것도 느끼지 못하는 정동 마비 등으로 나타나며, 심하면 경악사(驚愕死)하기도 한다.

스트레스는 창의성과 반드시 반비례하는 것은 아니지만 창의적인 마음을 방해하는 것만은 분명하다. 어느 때는 시간 압박감, 아이디어에 대한 초조감과 같은 스트레스가 창의적인 아이디어를 자극할 때도 있다. 그러나 삶의 전반에 걸쳐 스트레스를 받는 것은 삶이 즐겁지 않다는 것이고, 즐겁지 않다는 것은 창의적인 삶을 방해한다.

광고대행사 사장인 데이비드 오길비는 이런 말을 했다.

"즐거움을 모르는 사람은 좋은 광고를 만들어내지 못한다."

폴 발레리는 "심각한 사람들에게서는 절대 좋은 아이디어가 나오지 않는다. 거꾸로 아이디어가 풍부한 사람들은 결코 심각하지 않다."고 말했다.

사람들은 어떤 중요한 일을 앞두고, 너무 스트레스를 받으면 그 상황을 모면하려고 한다. 그래서 유치원에 가기 싫은 아이들은 꾀병을 부리며 유치원에 가지 않으려 하고, 시험이 부담스런 학생들은 시험에 실패했을 때 자신의 실패를 방어할만한 구실을 만든다. 그때 배가 아프다, 머리가 아프다와 같이 꾀병을 부리는 것보다 좋은 구실이 없다. 이렇게 꾀병과 같은 구실로 자존심을 보호하려는 전략을 '자기 핸디캡 전략(self-handicapping strategy)' 또는 '구실 만들기 전략'이라고 한다. 자기 스스로 핸디캡을 만들어 자기 실패를 합리화하려는 현상이다.

꾀병은 일종의 상상적 장애다. 상상적 장애는 건강염려증 같은 심인증 환자들에게서 흔히 볼 수 있다. 어디가 아픈 것 같아 병원을 찾지만, 이 병원을 가도 속 시원하게 그 원인을 찾아내지 못하고, 저 병원을 가도 마찬가지이다. 이런 사람들은 마치 병원을 순례하듯 매일매일 새로운 병원을 찾아다닌다.

일곱 살 무렵이 되면 꾀병을 부르기 시작한다. 거짓말도 늘어난다. 그러나 너무 초조하게 생각하지는 말자. 아이에게 부담을 덜어줄 수 있는 게 무엇인지 고민하고, 과감하게 줄여주자. 학원도, 운동도, 음악도, 영어도, 수영도… 아이가 힘들다면 쉬라고 하자.

하버드대학을 중퇴하고 영화감독이 된 스티븐 스필버그 엄마.

스티븐 스필버그의 어머니는 스필버그가 학교에 가기 싫다고 하면 아프다는 거짓 편지를 학교에 보낼 만큼 아이의 반란을 도왔다. 아이가 방을 어지럽히거나 장난감을 분해하는 것으로 아이를 나무라지도 않았다. 아이를 학교에 억지로 보내는 것은 그의 자유로운 상상력을 저해할 수 있기 때문에 아이가 자유롭고 창의적으로 생활하도록 배려한 것이다. 독특하고 뛰어난 아이를 배려하기 위한 노력이었던 것이다. 그 결과 스티븐 스필버그는 말도 안 되는 독특하고 유치한(?) 상상력으로 전 세계 영화시장을 석권하고 있지 않은가?

저건
신포도야

우리는 어렸을 때 많은 이야기들을 들었다. 할머니로부터 누이들로 부터 옛날 얘기며 재미있는 동화들을 들으며 자랐다. 그 많은 이야기 들 중에서도 이솝우화는 조그마한 삶의 가르침을 담고 있어, 성인이 된 지금도 가끔씩 되새겨보게 된다.

이솝(Aesop)은 약 2,600년 전에 살았던 그리스의 우화 작가다. 그의 많은 우화 중에 여우와 신 포도에 관한 이야기가 있다.

어느 날 여우는 포도나무에 달려 있는 포도가 먹고 싶어 주인 몰래 포도밭에 들어갔다. 그러나 포도가 너무 높이 달려 있어서 따먹을 수 가 없었다. 포도는 먹고 싶은데 딸 수는 없고, 주인이 올까 봐 포도가 떨어질 때를 마냥 기다릴 수도 없었다. 할 수 없이 침만 삼키고 돌아 나오는데, 다른 여우가 왜 포도를 따먹지 않았는지 물었다. 그러자 여 우는 이렇게 말했다.

"저건 신 포도야."

여우는 키가 작아 포도를 따먹지 못한 좌절감을 포도가 시어서 안 따먹었다는 식으로 사실을 왜곡시켜 자존심을 보호하려고 했던 것이다. 이처럼 현실을 왜곡시키면서 자기 자신의 좌절과 불안을 덜어내고 자존심을 보호하려는 무의식적인 자기방어 노력을 합리화(rationalization)다. 합리화는 이솝우화의 여우와 신 포도 이야기에 비유해 일명 신 포도기제(sour grape mechanism)라고도 한다.

사람들도 이솝우화의 여우처럼 어떤 실수나 비이성적 행동, 잘못된 판단, 실패 등에 대해, 자신이나 다른 사람들에게 그럴듯한 이유가 있는 것처럼 보이게 함으로써 자존심을 보호하려는 합리화를 자주 사용한다. 합리화는 방어기제의 일종으로, 대개 의식적이기보다는 무의식적으로 이루어진다. 이러한 합리화를 통해 사람들은 '핑계 거리'를 만들어내는 것이다.

불안에 처하거나 스트레스를 받으면 사람들은 현실적으로 받아들이기 힘든 본능적 충동을 스스로 인식하지 않도록 한다. 그러면서도 본능적 충동은 간접적으로 충족하려고 시도하는데, 그러한 역할을 담당하는 것이 바로 방어기제(defense mechanism)이다. 방어기제는 압도되는 불안으로부터 개인을 보호하는 동시에 간접적으로는 충동이나 욕구를 충족시키도록 도와준다.

프로이트는 방어기제란 이들 충동이 의식에 공개적으로 나타나려는 힘과 그와 대립되는 초자아의 압력으로부터 개인과 그 개인의 자아를 보호하기 위한 자아의 전략이라고 정의했다.

사람들이 방어기제를 사용하는 것은 발달 과정에 기인하는데, 유아기의 자아는 너무 약해서 자신에게 부과되는 모든 요구를 통합하고 종합하질 못한다. 방어기제는 바로 이러한 약한 자아를 보호하기 위한 수단으로 등장하는 것이다. 만약 자아가 위험으로부터 합리적인 불안을 감소시키는데 실패하면, 자아는 위험을 부정하는 억압, 위험을 외부로 돌리는 투사, 위험을 숨기는 반동형성, 발달 단계에 그대로 머무는 고착, 그리고 이전의 발달 단계로 돌아가는 퇴행과 같은 방어기제를 통해 불안을 은폐하거나 왜곡시킨다. 유아기의 자아는 이러한 부가적인 방어기제가 필요하고 또 사용하고 있다.

그런데 방어기제는 유아기의 약한 자아를 보호하는 목적이 달성된 후에도 존재한다. 그러한 현상에 대해 의문을 가질 수도 있지만, 그것은 자아가 아직 덜 발달했기 때문에 그렇다. 그러나 모순적인 것은 자아가 발달하지 못하는 이유 중에 하나가 바로 방어기제가 지나치게 많은 정신 에너지를 붙잡아 두고 있기 때문이란 사실이다. 자아는 강하지 못하기 때문에 방어기제를 포기할 수 없고, 반대로 그 방어기제에 의존하고 있는 자아는 허약한 채로 남아 있을 수밖에 없다. 그러한 악순환을 극복하기 위해서는 두 가지의 방안이 있을 수 있다.

첫째는 성숙해지는 것이다. 자아는 유기체 자체의 내재적 변화, 특히 신경계의 변화가 일어날 때 성숙한다. 성숙의 영향을 받고 자아가 발달해야만 한다.

둘째, 자아가 건전하게 발달할 수 있는 또 하나의 중요한 방안은 환경을 통해 서이다. 환경은 어린아이에게 능력에 부합되는 일련의 경험을 제공해 준다. 그러나 경험하는 위험과 곤란이 어린아이가 감당할 수 없을 정도로 강해서는 안 되며, 자극을 주지 못할 정도로 약해서도 안 된다. 유아기에는 생활 속에서 겪는 위협이 최소한이어야 한다. 그리고 조금 성장한 아동기에는 위협이 조금 더 강해져도 된다. 성장함에 따라 위협을 조금씩 더 강해져야 한다. 그런 식으로 강도와 단계가 높아지는 일련의 환경 속에서 자아는 방어기제보다는 보다 현실적이고 효율적인 기제로 대체할 수 있을 것이다. 만약 지나치게 이상적인 환경이라면 방어기제는 절대로 나타나지 않겠지만 환경은 그야말로 이상에 불과하다.

너무 높아 못 따먹는 포도가 있으면 "저건 신 포도야"라고 하기보다 "내 키가 너무 작군. 사다리를 가지고 와야겠어"라고 말하는 것이 현명한 처사다. 현실을 인정하고 그에 따르는 대책을 강구해야지, 이래저래 되지도 않는 핑계만 늘어놓는다면, 자존심이 보호되기는커녕 종국에 가서는 자존심을 더 손상시키고 말 것이다. 있는 그대로 현실을 보고 인정하려는 삶의 자세야말로 성숙한 인간이 되는 첫걸음일 것이다.

먹고
놀아라!

요즘 유치원에 다니는 둘째 아들 규연이가 먹기만 좋아하고 놀 생각을 안 한다. 공부를 하고 안 하고는 둘째 치고 아이가 먹기만 하고, 운동을 하지 않아 비만이 될까 봐 걱정이다.

집사람은 먹기만 좋아하고, 뛰어놀지 않는 아들에게 어떻게 하면 신나게 뛰어놀 수 있도록 할까 고민하던 끝에 한 가지 묘안을 짜냈다. 아들이 먹는 것을 좋아하니 무엇이든지 먹기 전에 일정한 시간을 뛰어놀도록 한 것이다. 그랬더니 둘째 아들은 그야말로 먹기 위해 열심히 뛰어놀았다.

사람들은 어떤 행동을 하면 그에 합당한 보상을 받으려고 한다. 그런데 보상이 좋은 효과를 거두려면 보상을 받는 사람이 원하는 것을 주어야만 한다. 가령, 배부른 자에게 보상으로 빵을 준다거나, 돌고래에게 음료수를 준다거나, 원숭이에게 화폐를 보상으로 주는 것은 돼지 목에 진주 목걸이를 걸어주는 것과 같이 별로 효과가 없다.

보상은 사람들의 욕구에 따라서 달라진다. 가령, 배고픈 자에게는 빵이 효과적인 보상이겠지만, 목마른 자에게는 빵보다는 물이 더 효과적인 보상일 것이다. 그리고 놀고 싶은 아이들에게는 먹는 것보다는 뛰어노는 것이 더 큰 보상일 것이다. 보상이 사람의 욕구에 따라 달라진다는 사실을 알아보기 위해 Premack(1959)은 아이들을 대상으로 일련의 실험을 했다.

실험

프리맥은 31명의 저학년 아이들을 놀이를 좋아하는 집단인 '놀이파'와 과자 먹기를 좋아하는 집단인 '먹기파'로 나누었다. 놀이파는 주로 놀이기구를 가지고 노는 것을 좋아하는 아이들이었고, 먹기파는 주로 과자 먹는 것에 관심을 갖는 아이들이었다. 이 실험의 목적은 놀이파에게는 먹는 행동을 증가시키기 위해 놀이를 보상으로 줄 수 있고, 먹기파에게는 노는 행동을 증가시키기 위해 먹는 것을 보상으로 줄 수 있느냐 하는 것을 알아보는 것이다.

실험 결과 놀이파의 경우 '놀기-먹기 조건'은 아동의 행동에 거의 영향을 미치지 않았다. 그들은 여전히 먹는 것보다 노는 것에 관심이 많았다. 그러나 놀이파의 '먹기-놀기 조건'에서 놀이파의 먹는 행동은 급격히 증가했다. 아이들은 놀기 위해서 음식을 먼저 먹어야 했기 때문이다.

마찬가지로 먹기파의 경우 '먹기-놀기 조건'은 행동에 거의 영향을 미치지 않았다. 그들은 여전히 노는 것보다는 먹는 것에 관심이 많았다. 그러나 '놀기-먹기 조건'에서 먹기파의 노는 행동은 급격히 증가했다. 아이들은 먹기 위해서 먼저 놀아야 했기 때문이다.

프리맥의 실험은 사람들의 욕구가 무엇인지를 분석해 그들이 원하는 것이 무엇인지를 알면 좀 더 중요하고, 긴급한 욕구를 보상으로 쓸 수 있음을 보여주었다. 이처럼 어떤 큰 욕구나 자주 일어나는 행동은 다른 작은 욕구나 덜 일어나는 행동을 변화시키는 데 보상으로 쓸 수 있는 현상을 '프리맥 원리(Premack Principle)'라고 한다.

프리맥 원리는 사람에 따라 보상이 달라질 수 있음을 잘 보여주고 있다. 보상은 사람에 따라 달라질 수 있고, 상황에 따라 달라질 수 있다. 돈이 궁한 사람에게는 적은 돈이라도 큰 보상이 되지만, 돈이 많아 주체를 못하는 사람들에게 적은 돈은 별다른 보상이 되지 못한다. 그러므로 무엇을 원하는지, 어떤 것이 필요한지를 잘 파악해서 사람들의 욕구에 맞는 보상을 준다면 똑같은 비용을 들인 거일지라고 훨씬 더 좋은 효과로 거둘 수 있을 것이다.

먹기 좋아하는 아이에게는 놀고먹으라고 하면서 먹는 것을 보상으로 주자. 놀기만 하고 먹지 않는 아이게게는 먹고 놀으라고 하면서 노는 것을 보상으로 주자. 만화영화만 좋아하고 책 읽기를 싫어하는 아이에게는 책 읽으면 만화영화를 볼 수 있도록 보상을 준다면, 아이들의 행동 유발과 행동 변화에 도움이 될 것이다.

  우리 아이 인성은 7세에 결정된다

내가 외계인도
아니고!

규연이는 별명이 '바람의 전설'이다. 날쌘돌이다. 다른 아이들에 비해 키는 조금 작은 편이지만, 줄넘기도 잘하고, 축구 드리블도 잘한다. 지난해는 유치원 반대표로 계주에도 나가서 잘 뛰었다. 그런데 집에서도 너무 날렵하다 보니 말썽을 일으킬 때가 많다.

오늘 아침에도 식탁에서 밥도 안 먹고 형한테 장난치다가 엄마한테 혼나고 나서야 유치원엘 갔다. 산만한 건지, 에너지가 넘치는 건지 정말 들썩들썩하다. 규연이는 혼자 장난감을 가지고 놀 때도 혼자서 해설(?)을 하면서 논다.

"쌩~ 슈욱!~ 드디어 도라에몽이 지구로 돌아왔습니다. 아 그러나 친구들은 없고… 어쩌구저쩌구"

얼마 전. 아빠가 모처럼 일찍 들어와 침실에 누워 초저녁 쪽잠을 자고 있는데 규연이가 사고를 쳤다. 자고 있는 내 위로 날아 다니면서 혼자 중얼중얼!

"규연아! 아빠 조금만 자면 안 돼?"

"형하고 놀아."

대답도 안 하고 아빠의 잠을 방해하며 날아다니다 그만 아빠의 안경다리를 밟아 부러뜨리고 말았다. 이게 웬일인가? 내일 아침에 모처럼 골프 약속을 해놓았는데 안경다리를 부러뜨렸으니, 다른 안경들이 있긴 하지만 도수가 맞지 않아 골프 같은 예민한 운동에 쓰기에는 문제가 있는데 이를 어쩌나.

"이놈아! 그만하라고 했잖아?"

"너 이거 어떻게 할 거야? 너도 안경 쓰면서 아빠 안경다리를 부러뜨리면 어떻게?"

"안 보였다니까. 안경이 안 보이는데 내가 어떻게 하냐고요?"
"내가 눈이 많은 것도 아니고, 외계인도 아니고…"

요즘 ADHD(주의집중력 결핍 및 과잉행동장애) 아이들 문제가 심각하다. 산만하고 부잡스럽고, 어수선하고, 집중력도 떨어지는 아이들. 게다가 혼자만 산만하면 되는데 수업 시간에 다른 아이들에게 나쁜 영향을 주고, 부모의 말도 잘 듣지 않고. 감정 조절도 잘 안되서 충동적이기도 하다. 정말 걱정이다.

그렇다고 우리 둘째 아들이 ADHD라는 것은 아니다. 다소 에너지가 넘치고 이따금 사고를 치지만 ADHD까지는 아니다. 평소에 집중도 잘하고, 엄마가 있을 때는 행동거지도 조심스럽다. 그런데 아빠하고 있을 때는 그 님이 오는가 보다.

주의력 결핍/과잉행동 장애(Attention Deficit/Hyperactivity Disorder, ADHD)는 아동기에 많이 나타나는 장애로, 지속적으로 주의력이 부족하여 산만하고 과다활동, 충동성을 보이는 상태를 말한다. 이러한 증상들을 치료하지 않고 방치할 경우 아동기 내내 여러 방면에서 어려움이 지속되고, 일부의 경우 청소년기와 성인기가 되어서도 증상이 남게 된다.

ADHD의 원인은 현재까지 알려진 바가 없다. 그러나 유전적 요인과 환경적 요인, 그리고 뇌의 해부학적, 기능적 원인이 다양하게 영향을 미친다.

뇌영상 촬영에서 정상인에 비해 활동과 주의 집중을 조절하는 부위의 뇌 활성이 떨어지는 소견이 관찰되며, 이 부위의 구조적 차이도 발견되고 있다. 이 질환으로 진단받은 아이의 부모들은 자책과 비난에 노출되기 쉽다. 그러나 원인은 육아 방법에 의하기보다는 유전적인 경향과 더 연관된 것으로 보인다. 이 질환은 가족력이 있으며 몇몇 유전자가 이 질환의 발병과 관련 있을 것으로 보인다. 특히, 카테콜아민 대사의 유전적인 불균형이 가장 중요한 역할을 하는 것으로 보인다.

특정 환경적 요인은 이 질환의 발병과 악화에 연관될 수도 있다. 아직 많은 부분이 잘 알려지지 않았지만 몇 가지 가능성 있는 요인은 다음과 같다.

1) 흡연, 음주, 약물 : 환자 어머니의 산전 흡연 노출(직간접흡연)은 이 질환의 발병과 관련이 있다. 임신 중의 술과 약물은 태아의 신경세포의 활성을 줄이는 것으로 보인다.

2) 학동기 이전의 특정 독소의 노출: 특히 페인트나 오래된 건물의 수도관에서 발견되는 납의 노출은 이 질환뿐만 아니라 아이의 분열적이고 폭력적인 행동과도 관련 있다.

3) 음식 첨가물: 인공색소와 식품보존제와 같은 음식 첨가물 또한

과잉행동을 유발하는 것으로 보인다. 설탕은 과잉행동의 유발 물질로 흔히 의심되지만 아직까지 확실한 증거는 없다.

그리고 미숙아, 저체중아, 그리고 어릴 때의 머리 부상 등은 이 질환과의 관련성이 불분명하다. 다양한 환경적인 요인이 이 질환의 원인으로 거론되고 있으나 아직 환경적 요인의 중요성은 논란의 여지가 많다.

ADHD로 진단된다면 반드시 치료를 해야 한다. 성인이 되어서도 직장 생활이나 결혼 생활에까지 문제를 일으킬 수 있다.

서울대학교병원 의학정보에 따르면, ADHD에는 약물치료가 효과적이다. 80% 정도가 분명한 호전을 보이는데, 집중력, 기억력, 학습능력이 전반적으로 좋아진다. 또 과제에 대한 흥미와 동기가 강화되어 수행능력이 좋아진다. 더불어 주의 산만함, 과잉 활동과 충동성은 감소되고, 부모님과 선생님에게도 잘 따르고 긍정적인 태도를 보이게 된다. 하지만 약물 치료로만 모든 것이 해결되는 것은 아니다. 병에 대한 정확한 정보를 얻고 아이를 도와주실 수 있게 하는 부모 교육, 아동의 충동성을 감소시키고 자기조절 능력을 향상시키는 인지 행동 치료, 기초적인 학습능력 향상을 위한 학습치료, 놀이치료, 사회성 그룹 치료 등 다양한 치료가 아이의 필요에 맞게 병행되는 것이 좋다.

미국 소아정신과 학회의 통계에 따르면 평균 학령기 소아의 ADHD 유병률은 약 3~8% 정도이다. 남자아이가 여자아이보다 약 3배 정도 더 높고, 서울시와 서울대학교병원에서 시행한 국내 역학조사 결과에 따르면 유병률이 6~8%로 나타났다. 심각하지 않은 경우까지 포함하면 13%가 조금 넘는데 이런 유병율은 소아정신과 관련 질환 가운데 가장 높은 것에 속한다. 청소년기 이후 성인기까지 지속되는 경우도 30%에서 많게는 70%에 이르는 것으로 밝혀졌다.

보통 완치는 12~20세 사이에 주로 일어난다. 증상이 지속되는 경우 과잉행동 증상은 호전되나 집중력 저하와 충동조절 문제는 지속되기도 한다.

ADHD 아동들은 충동적이고 산만한 행동 때문에 야단이나 꾸중과 같은 부정적인 얘기를 자주 듣는다. 따라서 주변에서 말 안 듣는 아이나 문제아로 평가되고, 스스로도 자신을 나쁜 아이, 뭐든지 잘 못하는 아이로 생각하게 된다. 이런 일이 반복되면 아이는 더욱 자신감이 없어진다. 주의 집중 결함이나 충동성 때문에 또래 관계가 힘들게 되고 또래에게 따돌림을 당하기도 한다. 또 학습 능력이 떨어지고 여러 가지 행동 문제를 보일 수도 있다.

그러나 아이가 산만하다고 해서 너무 초조해하지 마라.

당연히 부모를 포함한 가족, 학교의 선생님이 교육을 통해 치료적인 환경을 조성해야 한다. 그렇다고 해서 부모나 초조해하면서 과잉 반응과 호들갑을 떤다면 오히려 아이들에게 더 큰 문제를 일으킬 수 있다.

자연스럽게 아이들의 정서에 좋은 음식을 만들어보고, 음악이든 아로마든 정서적인 안정을 취할 수 있는 환경도 만들고, 기도나 명상법도 시도해보자. 그래도 안될 경우에 전문가의 진단과 치료를 받는 것이 좋다.

유아 EQ 검사

다음은 자녀의 EQ 특성을 알아보기 위한 질문지입니다. 자녀와 함께 앉아서 테스트를 시작해 보십시오. 어머니가 문항을 읽어 주시고 자녀의 대답을 기록하면 됩니다. 먼저 질문지의 각 문항에서 가장 가깝다고 생각하는 번호의 (　　　)에 'O'표 하세요. 20문항이 다 끝나면 뒷 부분의 채점표에 옮겨 기록하여 주십시오.

예) 1. 우리 아이는 부모의 말을 잘 따르는 편이다.

① 예 (O)　　② 아니오 (　　)

1. 나는 언제 화가 나는가요?

　① 비가 올 때 (　　)

　② 친구가 나를 때렸을 때 (　　)

2. 내가 기쁠 때는 언제인가요?

　① 친구와 다퉜을 때 (　　)

　② 엄마나 아빠가 칭찬해 주셨을 때 (　　)

3. 내가 슬플 때는 언제인가요?

　① 친구들과 놀 때 (　　)　　② 엄마가 아플 때 (　　)

4. 어떤 얼굴이 기분 좋은 얼굴 표정인가요?

　① 울고 있는 얼굴 (　　)　　② 웃고 있는 얼굴 (　　)

5. 친구가 나를 밀치면 나는 어떻게 할까요?

　① 나도 친구를 밀친다 (　　)

　② 밀치지 말라고 얘기한다 (　　)

6. 엄마나 아빠에게 갖고 싶은 장난감을 사 달라고 길거리나 백화점에서 운 적이 있나요?

　① 운 적이 많다 (　　)　　② 운 적이 거의 없다 (　　)

7. 좋아하는 장난감을 가지고 놀고 있을 때 동생이나 친구가 빼앗아 가면 어떻게 할까요?

　① 화가 나서 다시 뺏는다 (　　)

　② 화가 나도 동생이나 친구니까 참는다 (　　)

8. 맛있는 피자와 햄버거가 있는데 엄마가 아빠가 오실 때까지 먹지 말고 기다리라

고 하면 어떻게 할까요?

　① 아빠가 오시지 않아도 나 먼저 먹는다 (　　　)

　② 아빠가 오실 때까지 기다린다 (　　　)

9. 엄마나 아빠한테 야단맞으면 오랫동안 기분이 나쁜가요?

　① 오랫동안 기분이 나쁘다 (　　　)

　② 금방 기분이 좋아진다 (　　　)

10. 블록 쌓기나 퍼즐 맞추기 같은 것을 할 때 잘 안 되면 어떻게 하나요?

　① 다른 장난감을 갖고 놀거나 다른 놀이를 한다 (　　　)

　② 잘 할 때까지 계속한다 (　　　)

11. 공부를 하다가 모르는 문제가 나오면 나는 어떻게 하는가요?

　① 공부는 재미없는 것이라고 생각하고 포기한다 (　　　)

　② 열심히 공부하면 앞으로는 잘 할 수 있을 것이라고 생각한다 (　　　)

12. 친구들과 달리기 시합을 했는데 내가 졌다. 그러면 어떻게 하나요?

　① 앞으로 달리기를 하지 않겠다고 생각한다 (　　　)

　② 열심히 달리기 연습을 해서 다음번에는 이기려고 한다 (　　　)

13. 놀이터에서 혼자 놀고 있는 아이를 보면 어떤 기분이 드나요?

　① 슬프다 (　　　)② 아무런 느낌이 없다 (　　　)

14. 선생님이 다른 친구를 칭찬하면 나는 어떤 생각이 드나요?

　① 나도 기분이 좋다 (　　　)② 샘이 난다 (　　　)

15. 먹을 것이 없어 밥을 굶는 아이를 보면 나는 어떤 생각이 드나요?

　① 불쌍하다 (　　　)　　　② 화가 난다 (　　　)

16. 나는 TV에서 슬픈 장면을 보면 눈물이 난다.

　① 예 (　　　)　　② 아니오 (　　　)

17. 나는 친구들과 사이좋게 지내고 있나요?

　① 사이좋게 지낸다 (　　　) ② 자주 싸운다 (　　　)

18. 내가 좋아하는 텔레비전이나 비디오를 보고 있는데 엄마가 심부름을 시키면 나는 어떻게 하나요?

　① 텔레비전이나 비디오를 보고 싶어도 심부름을 먼저 한다 (　　　)

　② 텔레비전이나 비디오를 봐야 한다고 심부름을 하지 않는다 (　　　)

19. 친구가 울면 어떻게 해야 할까요.

　① 달래준다 (　　　)

　② 선생님에게 얘기한다 (　　　)

20. 나는 엄마 얼굴만 보아도 엄마가 화난지를 금방 알 수 있나요?
　　① 예 (　　　)　　　② 아니오 (　　　)

채점표

문항 번호	가	문항 번호	나	문항 번호	다	문항 번호	라	문항 번호	마
1	①, ②	5	①, ②	9	①, ②	13	①, ②	17	①, ②
2	①, ②	6	①, ②	10	①, ②	14	①, ②	18	①, ②
3	①, ②	7	①, ②	11	①, ②	15	①, ②	19	①, ②
4	①, ②	8	①, ②	12	①, ②	16	①, ②	20	①, ②
채점	②의 개수 더하기	채점	②의 개수 더하기	채점	②의 개수 더하기	채점	①의 개수 더하기	채점	①의 개수 더하기
점수		점수		점수		점수		점수	

※ 1) "가"의 세로 축에서 ②의 개수를 더 합니다. → 자기감정 이해 능력 점수

　　"나"의 세로 축에서 ②의 개수를 더 합니다. → 자기감정 조절 능력 점수

　　"다"의 세로 축에서 ②의 개수를 더 합니다. → 동기부여 점수

　　"라"의 세로 축에서 ①의 개수를 더 합니다. → 타인 감정 이해 능력 점수

　　"마"의 세로 축에서 ①의 개수를 더 합니다. → 대인관계 능력 점수

2) 각각의 요인이 자녀의 EQ 특성을 설명합니다.

▶ EQ(감성지수)란?

EQ는 미국 예일대학의 심리학 교수인 피터 샐로비 교수와 뉴햄프셔 대학의 존 메이어 교수가 제안한 것으로 사람들의 감성적인 측면을 수치로 나타내는 것입니다. 샐로비와 메이어 교수는 감성지수(EQ)를 '자신의 감정이나 다른 사람의 감정을 잘 읽어내는 능력'이라고 정의하고 있으며, 골만의 EQ 요인분석에 따르면, EQ란 "상황에 대처하는 능력과 감정조절 능력"이라고 정의됩니다.

IQ가 주로 인지 능력, 즉 분석력, 기억력, 수리력, 언어 능력, 상식, 공간지각 능력과 같은 객관적인 지성을 측정한다면. 그에 비해 EQ는 정서 능력, 즉 자기감정 이해 능력, 자기감정 조절 능력, 동기 부여 능력, 타인 감정 이해 능력, 대인관계 능력과 같은 감성 능력을 측정합니다. 즉, IQ는 인간의 지적 능력을 측정하지만, EQ는 사회적 동물인 인간이 가지고 있는 전반적인 능력을 측정한다고 할 수 있습니다.

EQ 각 요인별 해석

▶ 감정 이해 능력

감정 이해 능력(knowing one's emotion)은 EQ의 기본 능력입니다. 자기감정을 확실히 알면 더 적극적인 삶의 자세를 가질 수 있고, 의사결정을 할 때도 보다 확실한 감각을 가지고 행동합니다. 가령 자기감정을 확실히 아는 사람들은 적극적인 삶의 자세와 분명한 의사결정을 할 수 있고, 다양한 분야에서 확실한 감각을 발휘합니다. 그러기 위해서는 자기감정이 지금 어느 상태인지, 지금 자기의 기분이 어떤지, 감정 수준이 어느 정도인지를 명확하게 표현할 줄도 알아야 합니다.

0~1점 낮음

감정 이해 능력이 낮은 아동은 자신의 감정 상태는 물론이고 다른 사람의 감정 상태를 잘 이해하지 못할 때가 있습니다. 그러다 보니 자신의 입장에서만 강조하게 되고, 낯선 곳에서는 자신의 생각도 정확히 표현하지도 못합니다. 난감한 문제에 부딪치면 문제의 핵심에 직접적으로 접근하지 못하며, 많은 시간이 소요됩니다. 감정 이해 능력은 주변 환경에 많은 영향을 받습니다. 평소에 가정이나 주변 환경이 폐쇄적이진 않은지, 너무 엄격하지는 않은지, 일관성이 결여되지는 않은지 확인해 보아야 합니다. 성장기 아동에게는 많은 경험을 통해서 다양한 감정 상태를 겪어 보고 느낄 수 있게끔 환경을 제공해야 합니다.

2점 보통

아동은 평범한 감정 이해 능력을 가지고 있습니다. 일상생활에서도 그리 큰 갈등 없어 보입니다. 그러나, 자신이 알고 있는 것에 대한 자신감이 부족합니다.

그래서 중요한 결정을 내려야 하는 순간에 결정을 내리지 못하고 갈등하는 모습을 보여줍니다. 생활 속에서 아이의 의사결정을 존중해 주고, 잘못된 점과 잘한 점을 확인시켜 줄 필요가 있습니다. 이 과정에서는 아이를 질책하는 것이 아니라 직접 대화에 참여시켜야 합니다. 시간을 가지고 아동 스스로가 자신의 알고 있는 것과 모르는 것을 충분히 인식할 수 있는 기회를 제공해야 합니다.

3~4점 높음

아동은 자신의 정서적인 상태에 대해서 비교적 잘 알고 있으며, 자신의 생각과 욕구에 대해 잘 이해하고 있습니다. 그러나 늘 그런 것은 아닙니다. 어려운 갈등 상황에서는 스스로 결정해야 할 것을 회피합니다. 아직은 성장기에 있기 때문에 아동에게 있어서 어떤 것을 결정한다는 것, 그리고 어떤 일을 해야만 한다는 것 모두가 사실 어려운 일입니다. 아직은 누군가에 도움이 필요할 때입니다. 아직은 아동이 올바른 결정을 하고 자신의 생각과 의지를 정확히 표현할 수 있도록 계속적인 관심과 격려, 그리고 지지가 필요합니다.

▶ 감정조절 능력

자기감정 조절 능력(managing emotion)은 주로 충동 조절 능력과 관련됩니다. 자기감정을 조절할 줄 아는 사람들은 어떤 상황에 처했을 때 즉각적인 만족을 추구하지 않습니다. 다시 말해 충동적이지 않습니다. 자기와 어깨를 부딪쳤다고 즉각적으로 화를 내지도 않고, 누가 자신의 발을 밟았다고 쉽게 분노하지도 않습니다. 어떤 상황에서든지 즉각적인 만족을 추구하지 않고 장기적인 안목으로 세상을 봅니다. 스트레스를 받더라도 그것으로부터 빨리 벗어나는 방법을 알고 있습니다.

0~1점 낮음

아동에게 있어서 무엇이든 잠시 참는다는 것이 상당히 어려운 일이 되고 맙니다. 모든 일이 자신이 원하는 대로 당장 해결되어야 하며, 그렇지 않으면 상당히 공격적인 반응을 보이기도 합니다. 또한 어떤 불쾌한 감정을 갖게 되면 안으로 삭히지 못하고 밖으로 터뜨리기부터 하는 경향이 있습니다. 기본적으로 상황을 인식하고 자신을 통제할 수 있는 능력은 갖추고 있습니다. 평소 운동 등을 통해 스트레스를 적절히 해소하여 지나치게 민감하고 격하게 반응하지 않도록 하면서 내적인 평정을 유지하도록 지도할 필요성이 있습니다.

2점 보통

기본적으로는 심리적으로 정서적으로 안정된 어린이라 할 수 있습니다. 자아를 욕구나 충동을 비교적 잘 통제할 수 있는 능력의 소유자로 판단됩니다. 그러나, 아동의 자기감정조절능력이 아직은 미성숙해 있습니다. 상황에 따라서 자신을 조절하지 못하는 경우가 있습니다. 시험을 본다든지, 무엇을 평가받아야만 할 때, 아동은 스트레스를 받으며, 스트레스가 아동의 자아에 비해 과중하다든지, 스스로 통제할 수 없다고 느낄 때, 충동적으로 행동하거나 포기하는 경향이 있습니다. 자신과 대화하는 습관을 키워 주면 좋습니다. 행동하기 전에 스스로 물어 보고 질문하는 과정에서 아동은 마음을 다스릴 수 있습니다.

3~4점 높음

자기감정 조절 능력은 내면의 본능적인 욕구를 다른 사람에게 해를 끼치지 않고 어떻게 정상적으로 해소하는가에 중요한 역할을 합니다. 대부분 인간은 자신의 욕구를 조절하고, 타인의 감정이나 느낌을 배려하면서 사람들과의 관계 안에서 이를 해결합니다. 이것은 인간이 사회적인 존재로써 삶을 영위하는 데 있어서 기본적으로 갖춰야 할 능력입니다. 아동은 이러한 능력이 높은 편입니다. 아직은 성장기 아동으로써 완벽하게 내면의 욕구나 충동을 조절할 수는 없지만, 가정에서 계속적으로 사랑과 관심을 주신다면 충분히 자기 역할을 다할 수 있는 어린이로 성장할 것으로 판단됩니다.

▶ 동기 부여 능력

동기 부여 능력(motivating oneself)은 자신의 감정을 행동으로 표출하는 능력입니다. 이런 능력을 가진 사람들은 자기가 느끼고 말한 것을 행동으로 실천할 줄 압니다. 실패했을 때는 좌절하지 않고 실패를 분석해서 새롭게 도전하는 능력이 뛰어납니다.

0~1점 낮음

성장기 아동의 행동은 인정받고, 사랑받고자 하는 욕구에서 시작됩니다. 이러한 욕구가 부족하거나 적절한 피드백을 받지 못한 아동은 동기 부여 능력은 낮고, 활동력이 떨어집니다. 의욕이 없기 때문에 결과도 좋을 수 없습니다. 대인관계도 수동적이며, 누군가에 의지하려고 하는 경향성이 강합니다. 아동에게 칭찬이나 격려 또는 대화가 부족하지는 않았는지 생각해 볼 필요가 있습니다. 성장기 아동은 자신의 존재를 부모님과의 관계에서 인정받기를 원합니다. 그래서 수시로 사랑을 확인해 주고, 격려해 주어야 합니다. 부모의 사랑이 물질이나 시간에 비례하는 것은 아닙니다. 아동에게 필요한 것은 사랑받고 있다는 심리적인 안정감이기 때문입니다.

2점 보통

아동은 자신에 대해 긍정적인 이미지를 형성하고 있으며, 목표에 대해서 꾸준히 노력합니다. 그러나, 결과에 집중하는 경향이 많고, 아직은 유아기의 자기중심적인 사고에서 크게 벗어나지 못했습니다. 어려운 문제에 부딪치면 심리적으로 위축되고, 우선은 회피하려고만 합니다. 자신에 대한 신뢰가 조금은 부족합니다. 새롭고 도전적인 과제를 위해 노력하고, 성취했을 때 오는 심리적인 만족감은 더욱 큰 법입니다. 현실에 안주하려는 아동을 격려하고 지지함으로써 새로운 목표를 같이 설정하고, 부모님과 같이 노력해 보는 경험은 아동에게 소중한 자산이 될 것입니다. 중요한 것은 아동의 능력을 벗어나는 과도한 목표나 너무 많은 시간이 걸리는 목표는 좋지 않습니다. 아직은 성장기 아동이므로 비교적 단기간에 집중할 수 있는 과제를 찾아보는 것이 좋습니다.

3~4점 높음

동기 부여 능력이 높다는 얘기는 성취욕구가 높은 상태입니다. 자신에게 주어진 일은 물론이고 새롭고 도전적인 과제에도 적극적으로 임합니다. 자신을 바라보는 시각도 긍정적이며, 자신감도 넘쳐 있습니다. 어려운 과제를 통해서 도전하고, 노력하는 과정에서 얻는 성취감을 즐길 줄 알며, 결과보다는 과정에 좀더 큰 의미를 둡니다. 다만, 때때로 자신의 결정에 회의를 느끼며, 타인의 눈치를 살피며 자신을 학대하는 경향이 있습니다. 아동의 행동과 말을 주의 깊게 관찰하고 적절한 휴식과 격려를 아끼지 말아야 하겠습니다.

▶ 타인 감정 이해 능력

타인 감정 이해 능력(recognizing emotions in others)은 타인의 감정이 어떤 상태인지를 잘 이해하고, 타인의 감정을 배려할 줄 아는 능력을 말합니다. 이런 능력을 가진 사람들은 다른 사람들과 감정을 공유할 줄 알고 다른 사람이 원하는 것이 무엇인지를 파악해서 그들의 욕구에 맞게 움직일 수 있습니다.

0~1점 낮음

아동은 다른 사람의 입장에서 생각할 수 있는 능력이 비교적 낮습니다. 자기중심적인 생각이 많아 또래집단에서도 곧잘 마찰이 있습니다. 자신과 환경에 대한 기본적인 신뢰감이 부족하며, 자기의 입장만 고집하는 경향이 있습니다. 인간은 다른 사람들과 관계 속에서 자아를 발전시키며, 건강한 대인관계는 자아실현에 있어 기본적인 능력입니다. 아동은 아직 다른 사람들의 감정을 이해할 수 있는 경험이 부족하므로, 또래집단과의 관계에 적극적인 자세를 취함으로써 다양한 사람들의 감정을 이해하고 배려하는 능력을 향상시켜야 하겠습니다.

2점 보통

아동은 타인을 배려할 수 있으며, 다른 사람의 입장에서 생각하고 행동하여 원만한 대인관계를 형성하고 있습니다. 다른 사람의 생각을 이해할 수 있기 때문에 자신의 행동이 상대방에 어떻게 영향을 미칠지 알고 있습니다. 그러나, 아직은 아동 중심적인 이기적인 성향이 존재합니다. 인간은 다른 사람들과의 관계 속에서 자아를 형성하고 자기실현을 위한 기본적인 능력을 학습합니다. 아동은 아직 자기 중심적인 틀을 벗어나지 못했기 때문에 타인을 배려하지만 양보할 수는 없습니다. 가끔은 지는 것이 이기는 것이라는 지혜가 필요하겠습니다. 가정에서부터 기본적인 신뢰관계를 돈독히 하고, 타인을 배려하고 양보할 수 있는 능력을 키울 수 있도록 지도해야 하겠습니다.

3~4점 높음

아동은 선입관이나 편견 없이 타인의 입장에서 상대방을 이해하고, 판단할 수 있는 능력이 높습니다. 다른 사람을 잘 이해할 수 있으므로 대인관계가 활발하며, 긍정적인 자아를 형성하고 있습니다. 그러나, 아직은 유아기의 자기중심성을 완전히 벗어나지는 못했습니다. 사람은 혼자서는 살아갈 수 없기 때문에 다른 사람의 감정을 이해한다는 것은 사회생활에 적응하는 데 있어 기본적인 능력입니다. 아동의 타인 감정 이해 능력은 높으나, 좀 더 건강한 성인으로 자라게 하기 위해서는 또래집단과 접촉할 수 있는 기회를 늘리고, 역할 놀이나 이야기책을 통해서 다른 사람의 입장을 간접적으로 경험해 보도록 하는 것도 좋습니다.

▶ 대인관계 능력

대인관계 능력(handling relationships)은 원만한 대인관계를 이끌어 가는 능력으로 사회적 기술, 커뮤니케이션 기술, 신뢰감 구축, 사교성, 이타성과 같은 능력입니다. 다른 네 가지 EQ 능력을 바탕으로 자기표현 능력과 비언어적 의사소통 능력이 중요합니다.

0~1 점 낮음

아동은 대인관계에서 소극적인 편입니다. 선입관이나 편견을 가지고 사람들을 대하며, 쉽게 마음의 문을 열지도 못합니다. 처음 보는 사람 앞에서는 방어적인 모습이 강하고, 자기감정을 그대로 표현하지 못하고 말을 돌려서 합니다. 의사소통기술도 서툴러서 상대방에게 정확히 마음을 전달하지 못합니다. 대인관계 능력은 인간이 사회적 존재로서 자신의 위치를 확립하는 데 매우 중요한 역할을 합니다. 기본적으로 상대방을 이해하려는 마음가짐이 필요합니다. 자신을 보여줄 수 있는 자신감과, 상대방을 이해하려는 더 많은 노력이 필요합니다. 부모님과의 대화를 통해서, 또래집단과의 관계를 통해서 적극적으로 의사소통 능력을 향상할 수 있도록 지도해야 합니다.

2점 보통

아동에게는 누군가 새로운 사람을 만난다는 것은 기대가 반이고, 걱정이 반입니다. 자신을 보여주고, 상대방을 알기 위해서 노력하려 하지만, 자신만의 기준이 있어 그에 맞는 사람들하고만 친한 경향이 있습니다. 사회적 존재로서 사람이 긍정적인 자아를 형성하기 위해선 대인관계 능력이 필수적입니다. 아동은 기본적인 대인관계 능력을 가지고 있습니다. 그러나, 좀 더 건강한 어린이로 성장하기 위해서는 노력이 필요합니다. 인간관계는 반드시 원하는 사람하고만 맺어지는 것이 아닙니다. 폭넓은 관계를 형성하기 위해서는 때론 자신을 상대방의 기준에 맞춰 줄 수 있는 지혜가 필요합니다. 아동에게 충분한 애정을 주시고, 많은 사람들을 만날 기회를 제공하고, 자신을 정확하게 표현할 수 있도록 자신감을 북돋아 주어야 하겠습니다.

3~4점 높음

아동은 사람들과 만나는 것을 즐거워하며, 사람들과의 관계 속에서 자신의 존재를 확인합니다. 이런 적극적인 태도와 자신감은 아동이 긍정적인 자아를 형성할 수 있도록 도와줍니다. 가끔 서투른 의사소통 기술로 인해 타인에게 상처를 주기도 하지만, 자신의 실수를 인정할 수 있는 지혜도 갖추고 있습니다. 또래집단과의 관계도 적극적입니다. 사람이 서로에게 인정받기 위해서는 때로는 자신을 억제하고 타인을 존중할 수 있어야 합니다. 아동은 높은 대인관계 능력을 가지고 있으나, 아직은 성장기 아동으로써 미숙한 부분이 있습니다. 아동에게는 좀 더 높은 자신감과 자신의 감정을 조절할 수 있는 의지력이 필요합니다. 가족이 함께 하는 시간을 늘리고, 적극적으로 사랑을 전달에 주어야 합니다. 아동이 건강히 성장하는 데 제일 중요한 에너지는 사랑입니다.

6장

Happybirthday – 마음껏 기뻐하라!

애 머리는
누구를 닮아서!

어렸을 때 가람과 뫼라는 가수의 생일이라는 경쾌한 노래가 있었다.

온 동네 떠나갈 듯 울어 젖히는 소리

내가 세상에 첫선을 보이던 바로 그날이란다

두리둥실 귀여운 아기 하얀 그 얼굴이

내가 세상에 첫선을 보이던 바로 그 모습이란다

하늘은 맑았단다 구름 한점 없더란다

나의 첫 울음 소리는 너무너무 컸더란다

꿈속에 용이 보이고 하늘은 맑더니만

내가 세상에 태어났단다 바로 오늘이란다

귀여운 아기가 태어났단다 바로 오늘이란다

큰아들인 규민이가 태어났다. 평소에 동영상 촬영과 편집까지 하던 나는 사진과 캠코더를 들고 큰아들의 탄생을 기록했다. 그런데 얼마나 긴장하고 떨렸던지 나중에 보니까 동영상에 줄이 가있고 사진은 제대로 찍힌 것이 없다.

아빠도 너무 긴장했던 거다. 늦장가를 가서 마흔 넘어 첫아이를 보게 되니 얼마나 소중한 아이일까? 그런 큰아들이 규민이가 자라면서 엄마 아빠에게는 사랑과 축복도 주지만 저 심리 깊은 곳에 자리 잡고 있는 악마와 원초적 공격성이 숨어있는 원초아(id)를 불러오기도 한다.

큰아들 규민이는 자신이 원하는 것이 생기면 안절부절못한다. 구입하기로 한 물건이 있으면 빨리 사자며 독촉하고 축구를 하기로 하면 빨리 가자고 조르기 일쑤다. 대전 할아버지 댁에 가기로 하고 출발이 늦어지면 안절부절못한다. 그럴 때마다 장모님은 이렇게 말씀하시곤 한다. "규민이는 꼭 자기 엄마 닮았어. 희정이가 어려서부터 저랬다니까!"

아내와 달리 나는 충청도 사람이라 그런지 굉장히 느긋하다. 아들은 얼굴과 체형 모두 엄마를 꼭 닮았다. 나를 닮은 구석이라면 학교 가기 싫어하는 것, 예쁜 여자를 보면 동공이 흔들리는 것 정도다.

천성(nature)과, 양육(nuture) 중 어느 것이 더 중요한 것인지는 심리학의 오랜 관심사다. 그러나 천성적인 유전자 DNA보다 중요한 것이 있으니 그게 바로 양육이다. 흔히 하는 농담 중에 '머리가 나쁘면 평생 고생한다'는 말이 있다. 물론 농담이긴 하지만 머리가 좋고 나쁨에 따라 평생을 편안히 지내느냐 고생스럽게 지내느냐가 결정된다고 하니, 그냥 지나칠 얘기만은 아니다. 그렇다면 머리가 좋고 나쁜 것은 어떻게 결정될까? 조상으로부터 물려받는 것일까?, 아니면 후천적으로 획득하는 것일까?

사람들은 의식적으로 또는 무의식적으로 세상을 배운다. 세상을 배워야만 사람답게 살 수 있고 세상에 적응해 생존할 수 있다. 세상을 배워야만 이 세상에서 사람답게 살 수 있다는 대전제는 같지만, 사람이 세상을 배워가는 과정은 무척이나 다양하다. 어떤 사람은 인간이 세상에 태어날 때 이미 세상살이 원리를 가지고 태어난다고 주장하고, 어떤 사람은 후천적인 경험에 의해 세상 사는 원리를 배우는 것이라고 주장한다.

고대 그리스 철학자 플라톤은 사람이 세상에 대한 지식을 선천적으로 조상으로부터 물려받는다는 생득론(nativism)을 주장했다.

반면 플라톤의 제자였던 아리스토텔레스는 플라톤과 정반대의 견해 차이를 보였다. 그는 세상에 대한 지식은 생득적으로 물려받는 것이 아니라 감각적 경험을 통해 후천적으로 학습된다는 경험론(empiricism)을 주장했다.

심리학은 생득론과 경험론의 논쟁에 대한 하나의 절충으로 상호작용론(interactionism)을 추하고 있다. 인간의 마음과 신체의 발달은 유전과 환경의 상호작용 결과로 나타난다는 입장이다. 이러한 상호작용론의 입장에 따르면, 인간은 얼마나 좋은 씨(유전자)를 갖느냐, 그리고 얼마나 좋은 밭(환경)을 갖느냐의 상호작용에 의해 결정되는 것이다. 사람이 세상에 대한 지식을 얻는 과정도 유전과 환경의 상호작용이다. 그래서 심리학은 지능이 유전과 환경의 상호작용으로 결정된다는 상호작용론의 입장을 취하게 된 것이다.

상호작용론에 따르면 유전적으로 한 집안에서 태어났어도 환경에 따라 어떤 아이는 80, 다른 아이는 120의 지능을 가질 수 있는 것이다. 지능은 가정의 분위기, 부모의 역할, 건강, 개인의 성격 등이 복합적으로 작용해서 선천적으로 어느 정도 정해진 범위를 갖고 태어나지만,

후천적으로 다양한 변화를 일으킨다. 지능의 후천적 변화는 유전적 소질이 좋을수록 그 변화의 폭이 넓다. 그래서 조상을 잘 만나 좋은 유전적 소질을 가지고 태어날수록 환경조건에 따라 변화할 수 있는 가능성은 더 커진다.

심리학자들은 유전과 환경의 영향 중에 환경에 대한 비중을 강조한다. 세상을 배우는 원리라는 것은 세상을 후천적으로 학습해나간다는 얘기다. 이 말은 곧 사람이 지식이 선천적으로 프로그래밍되어 있다기보다 후천적인 경험을 통해 얻어진 것이라는 점을 강조하는 것이다. 그래서 심리학은 가정과 학교, 사회교육의 중요성을 그 무엇보다도 중요시한다.

인간에게는 씨도 중요하지만 그보다는 밭이 더 중요하다. 인간의 씨는 보편적으로 큰 차이가 없지만 밭은 그야말로 천차만별이기 때문이다. 결국 인간이 좋은 결실을 얻기 위해서는 어떤 씨를 선택할 것인가보다 어떻게 기를 것인가에 관심을 가져야 할 것이다.

인간은 유전자 조작을 하거나 선택적 번식을 통해 동물들의 씨를 인간의 뜻대로 조절할 수 있다. 질 좋은 고기와 많은 우유를 공급하기 위해 유전공학을 이용할 수도 있다. 그러나 인간에게 그러한 방법을 적용할 수는 없다. 좋은 씨를 얻기 위해 유전자를 조작할 수도 없고, 선택적 번식을 할 수도 없다. 그러나 인간의 성장환경은 사람들의 노력 여하에 따라 얼마든지 바꿀 수 있다. 지적으로 자극을 줄 수 있는 가정 분위기, 엄마의 친밀한 반응과 가르침, 그리고 시각적 청각적 자극으로 아이들의 상상력과 창조력을 얼마든지 키워줄 수 있다.

'씨냐, 밭이냐'의 논쟁에서 사람이 씨와 밭의 상호작용에 의해 결정된다는 점은 부인할 수 없는 사실이다. 그러나 유전인자보다는 후천적인 환경과 경험이 더 중요하다는 사실을 잊지 말아야 할 것이다.

사람들의 인생은 리듬이 있다. 평화도 있고 위기도 있고 혼란도 있고 슬픔도 있다. 그런데 아이를 키우다 보니 인생에서 가장 중요한 위기는 7세 무렵인 듯하다.

사람들의 1차 위기는 태어나면서부터 애착이 형성되는 1세 무렵이다. 2차 위기는 5세에 아빠와 엄마와 겪는 오이디푸스, 엘레트라콤플렉스 시기이다. 이 무렵 성격과 성 정체성 등이 결정된다. 3차 위기는 7세 무렵의 인지 폭발점이다. 사람은 태어나면 우뇌가 먼저 발달하고, 7세 무렵 좌뇌의 발달이 시작되는데 성격 형성이 이루어지고 나서 우뇌에서 좌뇌로 두뇌 인지 발달이 전환되는 무렵이 가장 중요한 위기이다. 이 위기를 극복하지 못하면 좌우뇌의 발달은 물론 어렸을 때 똑똑하다는 아이들의 발달이 지체되기 시작한다. 그리고 사춘기가 되면 4차 위기 심리적 이유기가 도래한다. 이 시기에는 부모로부터 심리적으로 독립해야 하는 시기이다.

큰아들 규민이는 초등학교 2학년 아홉 살이고 둘째 아들 규연이는 유치원 다니는데 일곱 살이다. 중요한 인생의 분기점을 지나치고 맞이하고 있는 셈이다.

늑대소녀
아말라와 까말라

요즘 아이들은 바쁘다. 어른들보다도 더 나쁘다. 부모들이 조기 교육이나 영재교육을 하면서 아이들을 달달 볶기 때문이다. 부모들 마음이야 자기 자식이 남의 집 애들보다 뒤쳐질까 걱정되고 기왕이면 다른 집 애들보다 더 뛰어나기 바라고, 잘 키우고 싶어 하는 것은 당연한 이치다. 사람은 종족을 보존하는 역할은 물론이고 지금보다 나은 상태로 2세가 살도록 만드는 진화론적인 사명을 부여받고 있기 때문이다.

세상에서 살기 위해서는 적당한 시기에 적절한 배움이 있어야만 한다. 배움이란 학교 교육뿐 아니라 부모로부터, 이웃으로부터, 자연으로부터 배우는 모든 것을 말한다. 이러한 배움이 아이의 신체적, 정신적 발달에 따라 적절히 이루어지지 않으면 심각한 장애를 초래하게 된다.

1920년 인도 정글에서 두 늑대 인간이 발견되었다.

이들은 대략 1살과 8살로 추정되는 여자아이들이었다. 후에 이 아이들을 키운 목사 부부에 의해 '아말라'와 '까말라'라고 이름 지어졌다.

이 아이들은 늑대의 행동양식을 따랐다. 네 다리로 걸었으며 손을 사용하지 않고 생고기를 직접 입으로 먹었다. 언어를 사용하지 못했고 얼굴 표정이나 정서는 없는 듯이 보였다.

목사 부부는 아이들을 인간답게 만들기 위해 교육했지만 아말라는 1년도 채 못 되어 사망했고, 까말라는 1929년 요독증에 걸려 사망하기 전까지 9년 동안 직립보행과 보통 사람처럼 먹는 법을 익혔을 뿐, 고작 45단어만 배웠다.

아말라와 까말라는 인간이라도 인간 사회 속에서 인간다운 교육과 학습을 받지 못하면 진정한 인간이 될 수 없음을 보여준다. 동시에 어린 시절, 특히 생애 초기의 경험이 인간을 인간답게 만드는 데 있어서 얼마나 중요한가를 보여주는 극단적인 사례이기도 하다.

심리학자인 헵(Donald O. Hebb)은 인간이 세상을 배우는 원리로 신경생리학적 학습(neurophysiological learning)을 주장했다. 그는 특히 유아기 경험의 중요성을 강조했는데, 이때의 경험이 개념, 사고 유형 그리고 세상을 지각하는 방법을 발달시켜, 이것들이 지능을 이루게 되기 때문이라고 설명했다. 결국 헵의 주장은 조기 교육의 필요성을 역설한 것이라고 볼 수 있다.

아말라와 까말라는 신경생리학적인 학습과정에서 어릴 때 신경세포체와 국면 계열을 형성하지 못했기 때문에, 이후에는 세상에 대한 정보를 수용하더라도 그 정보를 창조하거나 재구성하지 못했다. 어린 시절에 겪어야 할 인간으로서의 과정을 제대로 겪지 못했기 때문에, 끝내 인간이면서도 인간이 되지 못하고 죽은 것이다. 그래서 인간에게는 어린 시절의 적절한 자극과 보살핌이 필요하며 인간의 발달에 중대한 영향을 미치게 되는 것이다.

소련에서 처음으로 인공위성을 쏘아올렸을 때, 미국 사람들의 반응은 그야말로 놀람 그 자체였다. 그래서 미국 정부는 조기교육을 통해 소련보다 우수한 인재를 길러 내려는 의도로 Head Start라는 프로그램을 실시했다. 이 계획으로 조기교육이 아이들의 지능을 높일 수 있다는 가능성이 제시되었다. 한 예로 임명된 특수교사가 2~5세 된 빈민층의 아이들을 주당 몇 차례씩 방문해 다양한 경험을 시켜주며 따뜻하게 보살펴 주는 프로그램이 있었다. 나무토막 쌓기, 색깔 이름 대기, 그림 그리기 등의 교육을 통해 아이들에게 지적으로 다양한 경험을 하도록 한 결과, 다른 빈민층 아이들 보다 지능지수가 5~10 정도 상승했다. 이러한 결과는 조기교육의 소박한 결실이었다.

심리학적인 관점에서 조기교육은 권장할 만한 일이다. 하지만 모든 분야에서의 조기교육이 반드시 효과적인 것은 아니다. 아이들의 신체적 정신적 발달과 적성을 고려한 교육이 필요한 것이지, 뭐든 일찍 가르치는 것이 능사는 아니란 얘기다. 아이들의 적성과 소질을 무시한 채 어린 시절부터 하기 싫어하는 것들을 억지로 가르치려 하다가는, 부모에 대한 미움, 사회에 대한 불신감만을 키워줄 우려가 있다.

그보다는 화목한 가정에서 정서적으로 안정된 경험들을 할 수 있도록 도와주는 것이 그 어떤 조기교육보다도 바람직하다. 그것을 바탕으로 아이가 관심을 가지는 것이 무엇인지를 파악해 적절한 자극과 관심을 쏟아준다면, 더할 나위 없이 바람직한 조기교육이 될 것이다. 무리하게 이것저것 조기에 가르치려다가는 아이의 성질만 조기에 버리고 만다. 그렇게 된다면 아니한 것만 못하지 않은가? 〈정글북〉에 나오는 주인공 모글리 얘기는 어린 시절 환경이 얼마나 중요한지를 단적으로 보여준다.

늑대에게 입양되어 잘 자라던 늑대 소년 모글리. 인간에게 불을 배워오고 호랑이를 물리치면서 인간 세계에 살고자 하지만, 끝내 인간 사회에 적응하지 못하고 '늑대들에게 돌아가 행복하게 살았다'로 끝이 난다.

치매 환자들이 최신 기억은 못하지만 과거의 기억을 잘하는 것처럼. 어린 시절의 기억과 학습은 우리 뇌의 깊숙한 곳에 자리 잡기 때문에 시간이 흘러도 쉽게 사라지지 않는다. 특히 7세 이전의 기억들은 우리 삶에 네비게이션이 되기 때문에 중요하다.

미숙아로
태어나는 아이들

인간은 동물이다.

그러나 사람들은 인간을 동물과 똑같은 선상에 놓기를 꺼린다. 인간에게는 인간만의 고귀한 가치가 있다. 그러나 생물학적으로 인간을 동물이 아니라고 주장하기는 어렵다. 대개의 부모라면 자식을 사랑하고, 홀로 설 때까지 돌보아주는 것이 본능이자 상식이다. 그러나 요즘 신세대 어머니들에게는 이런 상식과 본능에 충실할 기회가 적다. 육아휴직이 있다고는 하지만 육아휴직을 쓴 뒤 한직에 있다가 퇴사할 확률이 높고 심지어는 경력 단절까지 될 수 있으니 육아휴직은 그리 쉬운 선택이 아니다.

지구상의 동물은 크게 두 가지로 분류할 수 있다. 하나는 어미 뱃속이나 알에서 태어나 양수가 채 마르기도 전에 뒤뚱뒤뚱 걸을 수 있는 이소성(離巢性) 동물이고, 다른 하나는 태어난 후 얼마 동안은 제 어미가 돌봐줘야만 움직일 수 있는 취소성(就巢性) 동물이다. 이소성과 취소성은 태어나자마자 보금자리를 떠날 수 있느냐 없느냐의 차이다. 그래서 떠날 수 있으면 이소성, 없으면 취소성이라고 할 수 있다. 그렇다면 인간은 어디에 속하는가?

학자들에 의하면, 고등동물일수록 이소성이라고 한다. 그렇다면 인간은 당연히 이소성이다. 인간은 자칭 최고로 진화된 고등동물이니 말이다. 과연 인간은 이소성인가?

그렇다. 인간은 이소성이다. 그러면 왜 태어나자마자 걷지 못할까?

그것은 인간이 모두 조산아이기 때문이다. 사람은 정상적이라면 약 260~290일의 임신 기간을 거쳐 세상에 태어나야 한다. 그러나 그것은 진화론적으로 한계가 있다. 태어나자마자 걸을 수 있으려면 엄마 뱃속에서 1년 정도 더 성장한 다음에 태어나야 한다. 하지만 10달이 안되어 태어나는 아이들의 몸무게가 3.5kg 정도인데, 어떻게 돌이 지난 아이를 뱃속에 넣고 생활할 수 있겠는가? 그래서 진화론적으로 1년 먼저 이 세상에 태어나, 혼자 걸을 수 있을 때까지 엄마의 보살핌을 받는 것이다. 결국 인간은 기본적으로는 이소성이지만, 이차적으로는 취소성의 특징을 갖는 그야말로 복잡한 동물이다.

여하튼 어머니들은 자연의 법칙상 출생 후 최소한 1년은 아이들을 안아주고, 젖을 물리며 보호할 의무가 있다. 그리고 아이는 그 보살핌을 받을 당연한 권리가 있다. 그러나 현실은 어떤가?

맞벌이 부부들은 수입에 얽매여 자녀를 유아원에 맡기고, 처녀인지 아이 엄마인지 구분도 안 되는 미시족은 자신의 미용을 위해 아이에게 모유보다는 우유를 먹인다. 엄마로서의 역할보다는 가정경제에 이바지하고, 미용을 가꾸고, 자기의 인생을 찾는 것이 우선이다. 결혼한 젊은 엄마들이 자신의 삶에서 무언가를 잃을 수도 있다는 생각 때문에, 자신의 일만을 추구하는 심리적 현상을 메디아 콤플렉스(Media complex)라고 한다. 메디아는 그리스 신화에 나오는 젊고 아름다운 마녀로, 동방의 나라 콜키스의 왕 아이에테스의 딸이다. 이아손이 황금의 양피를 찾으러 콜키스에 왔을 때, 그를 사랑한 메디아가 양피를 찾아주고 함께 콜키스를 탈출했다. 이아손과 결혼한 메디아는 그를 위해서라면 뭐든지 다할 정도로 헌신적이었으나, 이아손은 코린트의 왕녀 크레우사와 결혼하자 메디아를 버렸다. 메디아는 그의 이런 행동에 화가 나, 신들에게 복수를 기원하고 독을 넣은 옷을 크레우사에게 보냈다. 그 후 자신의 아이들을 죽이고 궁전에 불을 지른 뒤, 아테네로 도망해 아이게우스 왕과 결혼했다.

프로이트가 사람들의 성격은 5세 이전에 결정돼버린다고 한 말을 차치하고라도, 아이에게 젖을 주면서 서로의 심리적 공감대를 형성하는 것이 얼마나 중요한지는 누구나 다 아는 사실이다. 그러나 요즘의 신세대 주부들은 자기를 잃게 되면 언젠가는 메디아와 같은 처지가 될 것이라는 두려움 때문에, 가정이나 자녀보다는 자기 자신을 우선시하는 것 같다. 스스로 걷지 못하고, 사랑을 갈망하는 시기에 유모나 유아방의 보모가 얼마나 많은 사랑을 베풀어줄 수 있을까? 할머니의 사랑도 어머니의 사랑만 하겠는가? 〈늑대소녀 아말라와 까말라〉에서 볼 수 있었던 것처럼, 인간은 인간으로 태어난다고 해서 모두 다 인간이 되는 것은 아니다. 미완성의 인간을 인간답게 만들기 위해서는 생애 초기에 어머니의 사랑스런 보살핌이 절대적으로 필요한 것이다.

동물 중에 오리나 기러기 같은 부류는 태어나서 처음 본 움직이는 사물을 제 어미로 여긴다. 사람을 처음으로 보면 사람을 어미로 착각해서 따라다니고, 움직이는 인형을 보면 인형이 어미인 줄 착각한다.

이러한 현상을 각인(imprinting)되었다고 하며, 이 시기를 결정적 시기(critical period)라고 한다. 마찬가지로 사람도 어린 시절 심리적으로 특히 민감한 시기가 있다. 이 시기에 아이들은 자신을 돌봐주는 사람에게 애착(attachment)을 형성한다. 동물같이 특정 시기에 절대적인 각인이 이루어지는 것은 아니지만 민감기이며, 사람에게도 생애 초기는 그만큼 중요한 시기다. 그렇기 때문에 엄마들은 적어도 이 시기만이라도 아이를 직접 안아 키워야 하는 것이다. 맞벌이 부부에게는 정말 부담 주는 말이지만, 애착 형성은 나중에 커서 불안, 집착, 의심, 의처증, 의부증으로도 이어질 수 있는 중요한 발달 과업이다.

출산율을 높인다고 수 조원의 돈을 쏟아부었지만, 출산율 정책은 실패하고 말았다. 보여주기식 정책도 중요하겠지만, 실질적으로 육아 휴직, 육아 복지, 다자녀 가구에 대한 피부에 와닿는 정책을 펼쳐야 할 때인데 막상 늦장가 가서 세 자녀를 낳고 보니 지자체든, 국가든 육아 복지라는 것이 허울뿐이라는 것을 절실히 느낀다.

성선설이냐
성악설이냐

아이는 선하게 태어나는가? 악하게 태어나는가?

쌔근쌔근 자고 있는 막내딸 서율이를 보고 있으면 사람은 본디 선한다는 느낌이 든다.

그러나 두 아들이 격렬하게 싸우고, 집사람이 아들들을 야단칠 때 보면 사람은 본디 악하다는 느낌이 든다. 사람들의 타고난 성품에 관한 관점이 인성론이다. 동양철학에서는 크게 네 가지로 구분된다.

인간의 본성은 선하다는 맹자(孟子)의 성선설, 인간의 본성은 악하다는 순자(荀子)의 성악설, 그리고 사람은 선하지도 악하지도 않은 백지상태라는 고자(告子)의 성무선악설, 선을 기르면 선하게 되고, 악을 기르면 악이 된다는 왕충(王充)의 성선악혼설이다.

"사람은 본디 본성이 선하다. 다만 물욕(物慾) 때문에 불의(不義)가 일어나는 것이다."

이러한 사상이 맹자 도덕성의 근본인 성선설(性善說)이다. 인간은 본디 선한 존재지만, 이 세상에 태어나 세파에 휩싸이며 사물에 대한 욕심이 일어나서 악함을 갖게 된다는 성선설은 사단(四端)과 오륜(五倫)을 바탕으로 왕도정치를 실현함으로써 이상 국가를 실현할 수 있다고 믿는 긍정적인 인간관이다. 그러나 맹자의 성선설에 정면으로 맞서는 인간관이 있다.

순자(荀子) 가라사대, "사람은 본래 본성이 악하다. 사람은 선천적으로 이욕(利慾)의 마음이 강하다."

이러한 사상은 순자 도덕성의 근본인 성악설(性惡說)이다. 인간은 본디 악한 존재이므로, 후천적인 교육과 통제를 통해서만 선하게 될 수 있다고 믿는 부정적인 인간관이다.

맹자의 성선설과 순자의 성악설은 꽤나 많이 들어본 이야기다. 이 둘 중에 어느 이론이 더 인간의 심성을 잘 설명할 수 있는가 하는 문제는 차치하고, 두 이론이 가지고 있는 공통점은 모두 자기 수양과 교육의 중요성을 강조했다는 점이다. 아무리 인간이 선하게 태어났다 해도 자기 수양을 통해 덕을 키우지 않으면 금수와 다를 바 없으며, 또한 아무리 악하게 태어났다고 해도 교육과 법을 통해 악을 몰아내면 금수와는 다른 인간이 된다는 것이다.

이런 점에서 맹자의 성선설과 순자의 성악설은 근본에 있이서 시로 통하는 데가 있다. 성선설이든 성악설이든 모두 후천적인 환경이 중요하다는 점을 강조했다는 데는 이론(異論)의 여지가 없다. 아무리 좋은 씨를 가지고 선하게 태어난들 환경이 열악하다면 악하게 될 것이고, 아무리 나쁜 씨를 가지고 태어난다고 하더라도 환경이 좋으면 선하게 될 수 있는 것이다. 결국 환경은 인간의 심성을 결정하는 데서 가장 중요한 결정인자인 셈이다.

때로 심리학자들은 유전자 연구나 가계도 연구를 통해 악마의 유전자는 따로 있고, 집안 따라간다고 주장하기도 한다. 그런 이러한 주장은 참으로 위험천만한 발상이다. 이런 주장에 근거해서 이루어지는 인종차별이나 인간 차별은 결국 유대인을 아우슈비츠와 다차우같은 수용소에서 600만 명이나 희생시키는 참극을 빚어냈고, 남아프리카의 인종차별주의인 아파르트헤이트(apartheid)를 유지시키는 근간이 되기도 했다.

같은 가족이나 쌍둥이라도 유전자가 자라는 태내환경과 집안 환경을 따로 분리해서 키운다면, 전혀 다른 특성을 갖는 사람이 된다. 따로 입양되어 키워진 쌍둥이들을 대상으로 한 연구결과들을 보면, 쌍둥이들 간의 공통점이 단지 우연 수준보다 조금 높을 뿐이다. 하지만 이미 엄마 뱃속에서 같은 환경을 경험했다는 것을 고려해볼 때, 그 일치도도 우연수준을 넘는다고 보기 어렵다. 많은 쌍생아 연구들은 인간의 유전적인 측면을 강조하는 연구결과를 발표했지만, 역설적으로 보면 그러한 결과들은 인간에게 환경이 얼마나 중요한가를 보여주는 반증일 뿐이다.

맥그리거(Douglas McGreger)라는 심리학자는 두 가지 이론을 주장했다. 하나는 부정적인 인간관인 X이론이고 다른 하나는 긍정적인 인간관인 Y이론이다.

X이론에 따르면 인간은 본래 게으르고 일을 하기 싫어하며, 많은 일에 대해 책임을 지려 하지 않고 남으로부터 지시받기를 좋아한다. 그리고 무엇보다도 안전성을 중시하고 자기중심적이며 조직의 요청에는 무관심하고, 창조성이 없다고 가정한다.

Y이론에 따르면 인간은 본래 일을 싫어하는 것이 아니라 적절하게

동기화만 된다면, 자신이 할 일에 대해 책임을 지고 자율적이고 창조적으로 행동한다고 가정한다.

맹자, 순자, 맥그리거 가라사대를 떠나서 결국 인간관에 관한 논쟁은 인간이 인간을 어떻게 보느냐의 마음가짐이 더 중요하다는 점을 시사해준다.

인간은 미숙한 존재로 이 세상에 태어난다. 선한지 악한지를 구분할 수도 없다. 다만 인간들이 선하게 될 것인가, 악하게 될 것인가는 가정과 사회를 비롯한 주변 환경에 의해 결정되는 것이다. 만약 본성이 인간을 지배한다고 믿는다면 우월한 인간을 만들기 위한 인간 우생학을 인정하지 않을 수 없다. 그리고 그렇게 되면 열등한 씨는 통제되고 우수하다고 판정된 씨만 인류의 후손을 이어가는 비극을 맞이하게 될지도 모른다. 마치 양질의 고기와 우유를 생산하기 위해 소의 종자를 통제하는 것처럼 말이다.

인간은 본성과 유전에 의해 결정되기보다는 후천적으로 완성되는 존재다. 인간이 선하냐 악하냐와 같은 인간관을 논하다 보니, 인간은 태어날 때 아무것도 기록되어 있지 않은 백지상태(tabula rasa)와 같다고 주장한 영국의 경험론자 로크(John Locke)의 말이 새삼스럽게 떠오른다. 이제 성선설이 맞느냐 성악설이 맞느냐 하는 것을 가지고 더 이상 왈가왈부할 필요는 없다. 인간은 선하지도 악하지도 않은, 순수한 마음을 가지고 이 세상에 태어나는 깨끗한 존재일 뿐이다. 마치 하얀 종이처럼. 그 위에 무엇이 그려질지는 환경에 달렸다. 그것도 7세 무렵의 경험이 인생의 색깔을 결정한다. 이 무렵의 기억과 학습이 인생의 큰 틀을 만드는 것이다.

 우리 아이 인성은 7세에 결정된다

돌 잔칫상의
적성검사

첫째 아들 돌잔치에는 많은 분들이 오셔서 축하를 해주셨다. 늦게 결혼해서 아들을 낳았으니 멀리서까지 친척들과 지인들이 오셔서 축하를 해주셨다. 큰아들 규민이는 돌잡이에서 마이크와 돈을 잡았다. 아빠처럼 입으로 먹고 살라나.

둘째 아들 규연이는 반짇고리 같은 것을 골랐다. 섬세하게 누군가의 아픔을 돌봐주는 의사가 될라나.

막내딸 서율이는 이름에 붓률(律) 자가 들어가서 그런지 판사봉과 실을 잡았다. 집사람은 이름 따라 법과 관련된 판사나 변호사가 되었으면 좋겠단다.

우리나라 사람들처럼 적성검사를 일찍 받는 나라도 없다. 돌집에 가보면 돌잡이라는 것을 한다. 돌 상에 돈, 실, 연필, 활 등을 놓고 돌을 맞은 아이가 어떤 것을 먼저 집느냐에 따라 그 아이의 적성이 결정된다. 가령, 아이가 돈을 집었다고 하자. 그 아이는 자라면서 집안사람들로부터 '너는 아마도 사업가가 될 것 같다'는 말을 자주 듣게 된다. 그러면 아이는 자신도 모르게 그 말을 예언처럼 받아들이고 '나는 이다음에 커서 돈을 많이 버는 사람이 돼야지'라고 생각하고 행동하게 된다. 물론 극단적인 얘기이지만 아이들의 적성을 미리 판단하고 결정하는 것은 어리석기 그지없는 일이다.

넙치가 눈은 작아도 먹을 것은 잘 본다.

숟갈 한 단도 못 세는 며느리가 살림은 잘 한다.

굼벵이도 기는 재주는 있다.

헌 옷 속에 마패 들었다.

어떤 교육이든 아이의 발달을 촉진시킬 수는 있지만 정확한 평가와 진단 없이 아이를 교육시키면, 어느 순간 더 이상의 발달이 이루어지지 않고 그 자리에 멈춘다. 발달하지 않고 그 상태에 머문다는 것은 그 또래 아이들에 비해 뒤처질 수도 있다는 말이다. 그러므로 정확한 진단을 전문가에게 먼저 받아보는 것이 좋다. 아이의 발달에 따라 다양한 심리검사는 초등학교 입학을 전후로 한 번쯤 받아보는 것이 중요하다. 탈무드에 이런 말이 나온다.

"아무리 위대한 학자라도 장사꾼은 될 수 없으며, 아무리 위대한 장사꾼이라도 학자가 될 수는 없다."

아이들은 저마다 타고난 재능이 있다. 그런 재능을 영재성(giftedness)이라고도 하고 달란트(talent)라고도 한다. 그 재능이 제대로 발휘되는 아이도 있고 발휘되지 못하는 아이도 있고, 타고난 재주를 잘 계발하는 아이가 있고 타고난 재능을 방치해서 후퇴시키는 아이도 있다. 이제 4차 산업혁명 시대라고 한다. 지금의 직업이 10년 후엔 대부분 사라지고 새로운 직업들이 떠오르게 된다. 세계적인 미래학자 토마스

프레이는 "2030년까지 20억 개의 직업이 사라질 것"이라고 말했다. 아이러니한 건 직업의 수명은 짧아지는 데 사람의 수명은 길어진다는 것이다. 한 가지 일로 평생 먹고살기 어려운 시대라는 뜻이기도 하다. 이제는 아이들의 적성도 중요하지만 미래의 새로운 직업이 무엇인지도 고민해야 할 때다.

적성(aptitude)이란 후천적으로 학습된 어떤 분야에 대한 성장 잠재력을 말한다. 적성은 선천적인 것이 아니라 후천적으로 학습된 것이고, 현재 어떤 분야에 얼마나 소질이 있는가 보다는 앞으로 그 분야에서 얼마나 잠재 능력을 발휘할 수 있는지가 관심사다. 그래서 현재 어떤 분야에 능력이 없다고 해서 그 분야가 적성에 맞지 않는다고 단정하는 것은 성급하다. 아직 그 분야에 대한 잠재력이 발휘되지 않고 있을 수도 있기 때문이다. 마찬가지로 지금 어떤 분야에 능력이 있다고 해서 그 분야가 반드시 적성에 맞는다고 단정할 수도 없다.

우리 민담에 '재주 많은 사람이 밥 빌어먹는다'는 말이 있다. 이런저런 재주를 많이 가지고 있다 보면 어떤 한 분야에 집중하지 못하고, 자기 연마를 게을리하기 때문에 한 분야의 전문가조차 되기 힘들다. 그런 사람들은 이것도 조금 할 줄 알고 저것도 조금 할 줄 알지만 결국 제 밥벌이조차 제대로 하지 못한다. 그러나 요즘 세상은 어떤가? 옛날과 많이 달라졌다. 오히려 자기 적성 분야 이외의 분야도 개발해둘 필요가 있다. 가령 연구개발이 적성인 사람은 그것을 상품화할 수 있는 경영 분야의 적성도 가지고 있어야 한다. 그렇지 않으면 좋은 상품을 개발해놓고도 그것을 상품화하지 못하고 남 좋은 일 시키기 십상이다.

미국에 헨리 릴랜드라는 자동차 기술자가 있었다. 그는 뛰어난 자동

차 기술자였다. 그는 무언가를 연구하고 개발하는 데 소질이 있어 세
계적으로 유명한 캐딜락과 링컨의 엔진을 만들어냈다. 그러나 그는
경영에는 소질이 없어 자신이 만든 자동차 엔진을 가지고 1902년 캐
딜락 자동차 회사 설립에 관여했다가 실패하고, 7년 뒤에는 자신의 기
술을 GM사에 넘겨주고 말았다. 그러나 그는 경영에 대한 미련을 버
리지 못하고 1917년 링컨이란 자동차 회사를 다시 설립했다. 그렇게
해서 링컨이란 고급차를 세상에 내놓는 데는 성공했지만 경영에는 실
패해서 회사가 포드사에 넘어가고 말았다. 헨리 릴랜드는 연구개발에
관련된 적성은 있었지만 경영에 관련된 소질을 개발하지 못해 실패하
고 말았던 것이다.

그러나 세계의 컴퓨터 소프트웨어 시장을 석권하고 있는 마이크로
소프트사의 빌 게이츠는 어떤가? 그는 컴퓨터 소프트웨어 개발에 적
성을 가지고 있었지만 자신의 능력을 연구개발에만 한정시키지 않고
경영 분야로 확대시켰기 때문에 크게 성공할 수 있었다. 그는 자신의
연구 결과를 상품화하기 위해 대학을 중퇴하면서까지 경영 분야의 적
성을 개발해 오늘의 마이크로소프트를 일구어 냈다. 그러고 보면 요
즘은 재주 많다고 밥 빌어먹는 세상은 아닌 것 같다. 오히려 여러 가지
재주를 조화롭게 잘 발휘하는 것이 보다 확실한 미래를 보장받는 길
인 셈이다.

우리 속담에 '나무에 잘 오르는 놈은 나무에서 떨어지고, 헤엄 잘 치
는 놈은 물에 빠져 죽는다'는 말이 있다. 어떤 분야에 적성이 있다고
해서 그 분야에만 흥미를 느끼고 그 분야에만 몰두하는 것은 바람직
하지 않다.

21세기는 전문가의 시대라고 하지만 지나치게 한 분야에만 몰두하다가는 자칫 나무에서 떨어지고 물에 빠져 죽을 수도 있다. 그러므로 아이의 적성을 발견하고 개발하는 것 이상으로 중요한 게 아이의 적성과 반대되는 특성을 의식적으로 개발하는 것이다.

아이의 재능이나 적성을 무시한 채 부모의 뜻대로 키우려고 하거나, 아이의 재능을 정확하게 진단하지도 않은 채 아이들에게 이런저런 공부를 시키는 것은 아프다고 의사의 정확한 진단도 없이 자기 나름대로 몸에 좋다는 약을 마구잡이로 먹는 것과 다를 바 없다.

일곱 살 무렵에는 좌우뇌 두뇌 발달이 잘 이루어지고 있는지, 어느 쪽 뇌가 발달하고 있는지 이 책에 실려 있는 두뇌특성 검사를 하는 것이 좋다. 그리고 정확한 적성검사는 초등학교 4~5학년 무렵 좌뇌와 우뇌가 고루 발달한 시기에 1차로 실시하고, 중고등학교 무렵 정확한 검사와 상담을 받는 것이 좋다. 너무 일찍 아이들의 적성검사를 하게 되면 대개 우뇌가 발달되어 우뇌 직업군 적성이 나올 가능성이 높기 때문이다. 물론 예, 체능 적성은 두뇌 특성과는 다르게 발달할 수 있지만 대부분의 언어능력이나 동작성 능력, 수리, 언어 능력은 초등학교 고학년에 해야 하는 것이 정확도가 높다.

그럼
난 천재야?

큰아들 규민이가 밥을 먹다 말고 엄마에게 묻는다.

"엄마 나는 머리가 좋아?"

"그럼, 너는 참 머리가 좋지."

"그럼 난 천재야?"

"천재? 음, 그럴 수도 있지. 핑계 델 때 보면"

요즘 심리학이나 교육학에서는 천재(genius)라는 말을 잘 쓰지 않는다. 대신에 영재(giftedness)라는 말을 더 많이 사용한다. 우리 큰아들이 천재인지, 영재인지는 아직 모른다. 렌즐리((Renzulli)는 영재는 평균 이상의 일반 능력, 높은 창조성, 과제 집착력을 동시에 소유하고 있다고 했다. 영재는 결국 한 가지로 결정되는 것은 아니다.

영재란 모름지기 우수한 유전자와 자극이 풍부한 환경의 복합적으로 만들어내는 결과물이기 때문에 단순히 IQ, 언어발달, 영어, 수학, 음악성, 체육 특기만 가지고 따지기는 어렵다. 아무리 어려서 재능이 있다고 해도 성장 과정이나 환경, 그리고 본인의 인내력이나 기질, 성격, 동기부여 능력 등이 영향을 미치기 때문이다.

영재(英才)란, 한 분야에서 뛰어난 능력이나 잠재력을 가지고 있는 아이들을 말한다. 사람들은 누구나 레오나르도 다빈치처럼 다방면에 우수한 능력을 가지고 있지 않다. 영재는 모든 분야에 다재다능한 사람을 말하는 것이 아니라 한 분야에 뛰어난 능력을 가지고 있는 사람을 말하는 것이다. 세계적인 첼리스트 정명화, 바이올리니스트 정경화, 지휘자 정명훈을 키워낸 어머니 이원숙 씨의 회고담은 영재교육의 방향을 단적으로 보여준다.

그들의 어머니는 자녀들에게 일찍이 정서 교육을 위해 피아노를 가르쳤다고 한다. 아이들 모두 피아노를 잘 쳤고, 특히 정경화는 절대 음감을 보여줄 정도로 소질이 있었다고 한다. 그런데 정명훈은 피아노 치는 것을 좋아했지만, 두 누나들은 어느 순간 별로 흥미를 느끼지 않았다. 그래서 정명화에게 첼로를 사주었더니 신명 나게 첼로를 배웠고, 정경화에게는 바이올린을 사주었더니 남들 2년 동안 배울 것을 2주일 만에 배워치우더란다.

아이들의 재능을 발견하고 그 재능에 맞는 영재교육을 시킨 것이 세 자매를 세계적인 음악가로 키워낸 비결이었던 셈이다.

영재란 타고난 능력만으로 결정되는 것도 아니다. 타고난 능력을 가지고 있는 영재를 'giftedness'라고 하고, 그들이 가지고 있는 선천적인 능력을 'talent'라고 한다. 그러나 영재란 선천적인 것 이상으로 후천적인 환경과 부모의 노력, 아이들의 성격과 자발성과 창의성, 그리고 지능이 영향을 미치는데 이렇게 선천적인 노력을 바탕으로 후천적으로 만들어지는 영재를 'genius'라고 한다.

바이올리니스트 정경화는 한 신문과의 인터뷰에서 이렇게 말했다.

"나는 어렸을 때부터 제일 듣기 싫어하는 말이 '재주 있다'는 말이었다. 나는 허구한 날을 화장실에 틀어박혀 연습을 했다. 화장실에서 연습을 하면 자신과 바이올린밖에 없었다. 그곳에서 연습하다가 잘 되면 거울 보고 웃고, 잘 안 되면 울었다. 나에게 만일 그런 시절이 없었다면 지금의 나는 없었을 것이다. 사람들은 걸핏하면 '재주 있다', '타고났다'고 말하길 좋아한다. 하지만 나는 그런 말을 들을 때마다 피가 거꾸로 솟는 것 같다."

타고난 재주보다 혹독한 연습이 소중하다는 사실을 극적으로 보여주는 말이다.

우리나라도 1999년 영재교육 촉진법이 통과되고 2002년 3월부터 초등학교 3학년 이상의 학생들을 대상으로 영재 학교를 개교하거나 기존 학교에 영재 교실을 만든다고 한다. 전반적으로 영재교육 시행에 문제가 많고 준비도 되어 있지 않지만, 여하튼 그 법에 따르면 영재 선발 기준은 지능, 적성, 창의성을 바탕으로 영재 판별 위원회에서 선발한다고 한다. 그나마 영재를 지능만으로 선발하지 않는 것도 영재에 대한 인식이 변화한 것을 반영한 것이다. 아이들은 누구나 분야와 정도의 차이는 있지만 한 가지 이상의 재능을 가지고 있다. 그러므로 모든 아이들은 영재가 될 가능성이 충분히 있다. 영재란 단순히 지능이 높은 수재나 천재와 다르다는 사실을 이해해야 한다.

1985년 9월, 문교부에 "취학 전 영재 아동을 찾아서 보고하라."는 청와대의 지시가 내려왔다. 전국에 걸쳐 IQ 검사와 영재성 테스트를 실시한 결과, 3~6세의 영재 아동 144명이 선발되었다. 세 살 이전에 한글과 숫자를 깨치고 세 살 때 천자문을 줄줄 읽는 놀라운 아이들이었다.

15년이 지난 2001년, 한 신문사에서 그때의 영재 아동들을 추적 조사했다. 144명의 아동들 중 66명만 소재가 확인되었는데, 이들을 대상으로 IQ검사를 실시했더니 평균 142라는 높은 수치가 나왔다. 전국적으로 상위 0.5% 내에 드는 수준이었다. 하지만 그토록 IQ가 높음에도 불구하고, 그들 중 상당수는 대학 진학에 실패했고, 학교에 적응 못해 자퇴하거나 무직자 등으로 살아가고 있었다.(《내일신문》, 2015. 3. 19)

높은 IQ를 가진 사람이 현실적인 문제들을 잘 해결해서 성공적인 삶을 사는 것은 아니다. IQ와 실생활에서의 성취도는 연결고리가 크지 않다. 예측이 어렵고 다양하게 발생하는 실생활의 여러 상황에서 IQ는 해결책이 되지 못하기 때문이다. 실생활에서는 당장 무엇을 해야 하는지를 알아내고 곧바로 실천에 옮기는 사람이 성공한다. 다시 말해 결심을 실천하는 사람이 성공한다는 말이다.

지능 전문가이자 성공지능(SQ)을 주장하는 스턴버그는 영재와 둔재의 문제 해결 방식을 연구한 적이 있었다. 복잡한 추론이 요구되는 문제 상황에서 영재는 해결 방식을 찾아내는 데 많은 시간을 들였지만 일단 실제 행동에 착수하자 별로 시간이 걸리지 않았다. 한편 둔재는 해결 방법을 찾는 데에는 시간이 별로 안 걸렸지만, 그 방법을 시행하는 데에는 비교적 많은 시간이 들었다. 이것은 순전히 문제를 옳게 정의하지 못했기 때문이다.

이런 차이점은 물리학 같은 분야의 전문가와 신참 사이에서도 살펴볼 수 있다. 전문가는 직면한 문제가 무엇인지 알아내기 위해 고심하는 반면, 신참은 문제가 뭔지를 파악하기도 전에 덮어놓고 해결하려고만 하는 경향을 보인다.

큰아들 규민이는 어떤 문제를 해결하려 하면 덮어놓고 덤비는 경향이 있다. 그래서 받아쓰기나 수학 문제를 틀릴 때가 있다. 그런데 둘째 아들 규연이는 신중하다.

어느 날은 엄마가 야단을 치자 엉뚱한 짓을 한다.

"규연아! 너 이러면 되겠어. 생각 좀 해보라고!"

그러자 일곱 살 규연이는 손으로 자기 머리를 두드리면서 혼자 중얼거린다.

"생각! 생각! 생각!"

귀엽지만 기특하기도 하다.

나는 이런저런 이유로 결혼을 늦게 했다. 요즘에는 만혼에 늦게 결혼하는 사람들이 흔하지만, 당시만 해도 스트레스를 적잖게 받았다. 마흔둘에 집사람을 만나 마흔셋에 결혼을 했으니 친구들에 비하면 늦은 편이었다.

친구 중에는 벌써 딸 결혼시킨다고 청첩장을 보내오기도 하는데 나는 아홉 살 큰아들 규민이, 일곱 살 둘째 아들 규연이, 그리고 이제 갓 돌 지난 서율이를 키우고 있으니 정말 해야 할 일과 책임이 크다. 혹자는 늦게 결혼해서 아이를 셋이나 낳아서 키우니 애국자라는 둥, 젊게 산다는 둥 좋은 말로 위로와 격려(?)를 보내지만, 막상 당사자인 나는 언제 키우나 싶은 불안감이 스물스물 스며들 때가 많다.

집사람과 만나 속도위반으로 큰아들을 임신하고 나는 담배를 뚝 끊었다.

늦은 장가를 가는데 해줄 수 있는 게 별로 없어서 담배라도 끊으며 아내에 대한 나의 의지를 다졌다고나 할까! 결혼 4개월 만에 큰아들 규민이가 태어나고 이년 후 둘째 아들 규민이가 태어났다. 무럭무럭 자라 큰아들이 어린이집을 다니고 다섯 살이 되면서부터 유치원에 다니기 시작했다. 이런저런 일들로 다른 아빠들처럼 육아는 집사람이 맡고, 나는 기업 교육에, 방송컬럼리스트로, 대학교수로 동분서주하며 살았다. 그러던 어느 날 아침. 큰아들 규민이가 유치원을 가는데 나에게 인사를 한다.

"아빠! 낼 봐."

'아빠! 낼 봐라니…' 아빠! 저녁에 봐도 아니고, 이따 봐도 아니고 낼 보자는 게 무슨 말이지?

아빠는 열심히 사는 것이 가족을 위한 삶이고, 가족을 위하는 것이라고 믿고 있었지만, 큰아들 규민이는 아침에 헤어지면 내일 아침에나 아빠를 볼 수 있다는 걸 알고 있던 것이다.

일주일을 돌아보면 함께 저녁을 먹는 것도 아니고, 저녁에 놀아주는 것도 아니고, 주말이라고 해봤자 혼자 낮잠 자다가 텔레비전 재방송이나 보는 아빠의 모습. 아이들이 유치원이나 학교에서 가장 많이 그린다는 모습이 남 얘기가 아니다 싶었다. 더구나 매일 이런저런 심리학 강의와 유아교육 강의를 하며 책과 이론으로만 떠드는 나의 모습이 부끄러웠다.

'이러면 안 되겠구나! 일주일에 적어도 이틀은 일찍 들어와야겠구나!' 그렇게 다짐하고 집사람에게도 약속을 했다. 그런데 그게 쉬운 일은 아니다. 지방 강의도 많고, 하루에 방송을 서너 개씩 출연하고, 여러 사람을 만나다 보면 나 자신과, 집사람과의 약속이 공염불이 되기 일쑤였다. 그나마 주말이라도 아이들과 함께 놀다보니 조금 나아졌지만, 당시에는 큰아들의 아침 인사가 충격이었다.

그렇게 시간이 흘러 규민이가 초등학교에 들어가고 방과 후 영어를 배우기 시작했다.

그런데 그런데 영어를 배운지 며칠 후 아침 인사를 영어로 하는데 그 말이 또 가관이다.

"Daddy! See you tomorrow."

영어로 한 첫 마디 인사가 '아빠! 낼 봐'였다. 아! 아버지의 길은 멀기만 하다.

이러면 안 되겠다 싶은 생각이 들었다. 호주 수상도 수상을 그만 두고 가족과 함께 보낸다고 하는 마당에 그깟 방송과 강의가 뭐 그리 대수라고. 큰아들 규민이 때문에 이 책『우리 아이 인성은 5세에 결정된다』라는 육아 발달 에세이를 시작하게 된 계기가 되었으니 큰아들에게 감사하다.

두뇌 특성 검사

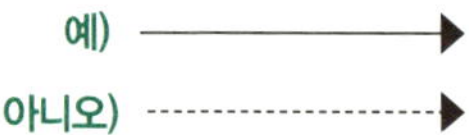

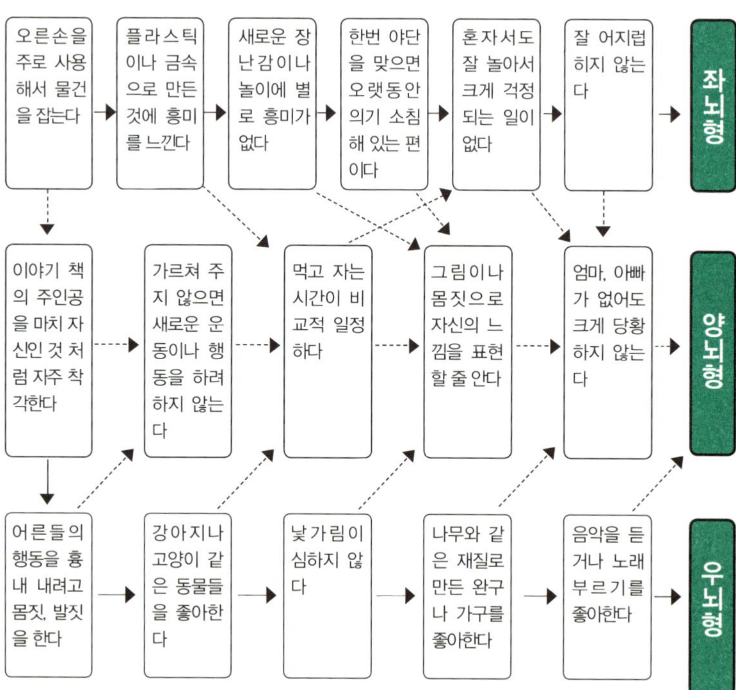

사람들의 뇌는 겉으로 보기에는 하나인 것처럼 보이지만 뇌는 좌반구와 우반구로, 즉 좌뇌와 우뇌로 나누어져 있습니다. 좌뇌와 우뇌는 크기와 기능이 서로 다르며 뇌량이라는 뇌의 다리를 통해 연결되어 있습니다. 주로 좌뇌는 논리력, 기계력, 암기력, 언어력, 수리력, 분석적 능력을 담당하며, 우뇌는 사물을 잘 기억하는 패턴 인식력, 공간을 감각적으로 인식하는 도형 인식력, 공간 인식력, 도형이 아니라 상황을 하나의 회화로 지각하는 회화적 인식력, 창조성과 연관된 이미지 형성력을 담당합니다. 전체적으로 6세 무렵까지는 우뇌가 우세하게 발달하고 7세 무렵부터 좌뇌가 우세한 발달을 시작해 보통 어린이들은 좌뇌가 우뇌보다 더 크며, 좌뇌를 주반구라고 합니다.

좌뇌와 우뇌 중에 어디가 더 발달했느냐에 따라 사람의 능력이나 우열을 가릴 수는 없습니다. 과거에는 좌뇌 중심의 학교 교육이었지만 이제는 우뇌의 중요성도 강조되는 창의적 학교 교육으로 변화하고 있습니다. 그러나 21세기는 좌뇌와 우뇌가 모두 발달한 양뇌형(전뇌형) 인간이 요구되는 시대입니다. 그런 사람들이 변화에 대한 적응도 잘하고 사회의 리더 그룹으로 성장할 가능성이 높습니다. 그러므로 아이의 두뇌를 고루 계발하는 것이 필요합니다.

유아 두뇌 특성 검사는 스페리 박사와 드보노의 이론을 바탕으로 개발한 것입니다.

▶ 좌뇌형

당신의 자녀는 상대적으로 우뇌보다 좌뇌가 발달한 유형입니다. 좌뇌가 지배적인 어린이는 언어적인 지시와 설명에 잘 반응하고, 문제를 부분으로 나누어 순서에 따라 논리적으로 해결하려 합니다. 또한, 합리적인 문제 해결, 객관적 판단, 계획적이고 구조적인 생활, 확고하고 확실한 정보를 좋아합니다. 독서도 분석적으로 하며, 사고와 기억 활동에서 주로 언어에 의존합니다. 말하고 쓰는 것을 좋아하며, 선택형 질문을 좋아한다. 감정의 통제를 잘 하며, 이름을 잘 기억하지만, 은유법이나 유추는 거의 사용하지 못합니다. 좌뇌는 인간의 생존에 기본적인 능력을 제공하기 때문에 좌뇌에 대한 관심 없이 우뇌만을 자극한다고 해서 뛰어난 인간으로 성장할 수는 없습니다. 그렇기 때문에 자녀에게는 좌뇌의 특성을 기르는 한편으로 상대적으로 뒤떨어져 있는 우뇌를 자극할 수 있는 방법을 강구해야 합니다. 우뇌를 자극하기 위해서는 신체의 왼쪽, 왼쪽 눈, 오른쪽 콧구멍 자극, 음악이나 미술, 도형 쌓기 놀이, 창의성 훈련 프로그램, 이미지 기억 등을 통해 세상을 넓고 창의적으로 볼 수 있도록 해야 합니다.

▶ 양뇌형

당신의 자녀는 양뇌가 고루 발달한 유형입니다. 귀하의 자녀는 좌뇌와 우뇌의 특성을 모두 가지고 있기 때문에 21세기가 요구하는 두뇌적 특성을 가지고 있다고 할 수 있습니다. 그러나 아직 너무 어리기 때문에 좀 더 지켜보아야 합니다. 좌뇌를 통해 기본적인 정보를 습득하고 우뇌를 통해서 이를 확장시킬 수 있는 능력을 가지고 있습니다. 이러한 어린이는 성장기에 적절한 환경만 제공되면 사회적 적응력이 높고, 현실 속에서 자신을 계발하고 이상을 실현할 가능성이 높습니다. 그러므로 자녀의 적성이 무엇인지를 파악하고, 그것을 자극하고 활성화시킬 수 있는 환경을 제공하기 위해서 노력할 필요가 있습니다. 그러나 주의하셔야 할 점은 아직 발달이 활발한 시기이므로 전문기관을 통한 정확한 진단을 받아 볼 필요가 있습니다.

▶ 우뇌형

당신의 자녀는 상대적으로 좌뇌보다 우뇌가 발달한 유형입니다. 우뇌가 지배적인 어린이는 문제가 주어지면 이를 전체적인 패턴을 보고 육감이나 예감으로 해결해 나가는 경향이 강합니다. 순서적인 분석보다는 직관적인 문제 해결을 좋아하며, 주관적으로 판단합니다. 사고가 융통성이 있고 자발적이며, 모호하고 확실하지 않은 정보를 좋아합니다. 독서를 해도 자세한 내용보다는 이미지를 기억하고, 사고와 기억 활동에서도 주로 심상에 의존합니다. 그림 그리기나 손으로 무언가를 조작하기를 좋아하며, 객관식보다는 주관식 질문을 좋아합니다. 감정 표현이 쉽고, 몸짓 언어를 잘 이해하며, 이름보다는 얼굴을 기억하는 특성이 있습니다. 우뇌의 특성은 세상을 넓고 확산적으로 볼 수 있게 해줍니다. 예술가나 운동선수, 창의적인 과학자들 중에는 우뇌형이 많습니다. 그러나 우뇌형이라고 해서 항상 좋은 것은 아닙니다. 좌뇌의 능력이 부족하면 비현실적이고 부적응적인 인간으로 성장할 수 있습니다. 그렇기 때문에 우뇌의 능력 못지않게 좌뇌의 능력도 중요합니다. 물론 좌뇌 능력은 6세 이후의 학습 장면에서 자연적으로 성장하기 때문에 강요할 필요는 없습니다. 지나친 학습 자극과 강압적인 태도는 오히려 우뇌 발달에 방해가 될 수 있습니다. 가장 좋은 방법은 생활 속에서 기본적인 논리력과 계산능력, 분석력 그리고 상식적인 가치관을 심어주는 것입니다.

우리 아이 인성은 7세에 결정된다

초판 1쇄 인쇄　2017년 5월 29일
초판 1쇄 발행　2017년 6월 7일

지 은 이　최창호
펴 낸 이　김승호
펴 낸 곳　스노우폭스북스

기획편집　서진
진　　행　한재홍 박지수
마 케 팅　김정현 김천윤
디 자 인　이창욱

주　　소　경기도 파주시 문발로 165, 3F
대표번호　031-927-9965
팩　　스　070-7589-0721
전자우편　edit@sfbooks.co.kr

출판신고　2015년 8월 7일 제406-2015-000159

ISBN 979-11-88331-02-4 13590
값 15,800원